KB066642

미야옹철의 묘한 진료실

슬기로운 집사 생활을 위한
고양이 행동 안내서

미야옹철의 묘한 진료실

김명철 지음

비타북스

고양이라고
다 괜찮은 것은 아닙니다

병원에는 이런저런 이유로 남겨진 고양이들이 생각보다 많습니다. 남겨졌다는 말보다 버려졌다는 말이 맞겠지요. 남겨진 고양이들도 불쌍하지만 여러 이유로 고양이를 데려가지 못하는 보호자들의 마음 또한 안쓰럽습니다. 네모도 그런 고양이 중 하나입니다. 네모가 입원장에 들어가던 날, 그 앞에서 한참 동안 자리를 뜨지 못하고 머뭇거리던 보호자의 모습이 떠오릅니다. 네모 보호자는 어떤 사연으로 네모를 포기하게 된 것인지 알 수 없습니다. 다만, 보호자를 애타게 기다릴 네모의 마음을 생각하면 서글퍼집니다.

네모는 병원이 한가할 때 가끔 입원장 밖에 나와 있기도 하지만 대부분 하루 종일 좁은 공간에 갇혀 지냅니다. 입원장 문을 열어주어도 소심한 성격 탓에 밖으로 나오지 못할 때가 많습니다. 건강 검진 중 심장질환이 확인되어 재입양도 어려운 상태입니다. 지금은 큰 이상이 없지만 시간이 지나면 활동을 할 때 숨이 찰 수도 있고 심하면 혈전이 생겨 다리에 마비가 올 수도 있으니까요. 네모처럼 건강에 치명적인 문제가 없다면 병원에 남겨지는 고양이들은 대부분 병원 직원이나 지인들에게 입양됩니다. 그러나 보호자에게 버림을 받았다는 기억은 남아 있을지 모릅니다.

고양이가 자주 아파서 관리가 힘들고 치료비가 부담이 되면 그나마 안전하다고 생각하는 병원에 고양이를 유기하는 경우가 있습니다. 고양이가 배변·배뇨 실수 등과 같은 문제행동을 할 때에도 고양이를 포기하고 싶은 마음이 불쑥불쑥 올라옵니다. 하지만 문제의 원인을 고양이에게만 두고 고양이를 원망하는 것은 고양이를 잘 알지 못하기 때문입니다.

특발성방광염이 계속 재발하는 고양이들이 있습니다. 그럴 때마다 병원비가 들어가니 힘들어하는 보호자들을 종종 만납니다. 특발성방광염의 가장 흔한 증상은 배뇨 실수입니다. 고양이가 화장실이 아닌 곳에 소변을 보니 보호자는 짜증이 납니다. 게다가 계속 재발을 하면 왜 우리 집 고양이만 이렇게 약골인지 골치가 아픕니다. 하지만 이야기를 들어보면 고양이의 생활환경이 좋지 않은 경우가 대부분입니다. 턱없이 좁은 곳에서 여러 마리의 고양이가 함께 살거나 보호자가 사냥놀이를 거의 해주지 못하는 경우가 많습니다. 특발성방광염의 가장 중요한 치료법과 예방법은 더 좋은 환경을 만들어주고 규칙적인 사냥놀이를 해주는 것입니다. 이 부분에 대해서 조언을 하면, "고양이라서 편할 줄 알았는데 그게 아니네요"라고 푸념을 합니다.

고양이는 대소변을 잘 가린다고 했는데 실수를 하고, 손이 가지 않는다고 했는데 손이 너무 많이 가고, 혼자서도 잘 지낸다고 했는데 울며 보채고, 자꾸만 병이 나고…. 자신이 알던 고양이의 모습이 아닌 것 같습니다. 어느 순간부터 고양이가 곤란한 짐짝처럼 여겨지기 시작합니다. 그러면 가끔 고양이를 포기하고 싶다는 생각을 하기도 합니다.

진료를 하며, 그리고 TV 프로그램을 진행하며 많은 고양이와 고양이 보호자를 만났습니다. 수많은 만남을 통해 알게 된 것이 있습니다. 바로 대부분의 보호자가 고양이에 대해 잘 알고 있다고 생각하지만, 실제로는 잘 모르고 있다는 것입니다. 보호자들은 고양이는 혼자 내버려두어도 괜찮다고 생각합니다. 하지만 정말 그럴까요? 저는 고양이와 보호자와의 관계를 '벽을 가운데에 두고 있는 룸메이트 사이'라고 말합니다. 적당한 거리를 두면서 서로 필요할 때 마음을 의지할 수 있는 마치 한집에 사는 친구 같은 존재 말입니다. 그렇다고 해서 '방치'해도 괜찮다는 말은 아닙니다. 함께 사는 친구 사이에도 서로 노력하지 않으면 다투거나 관계가 소원해지니까요.

고양이도 마찬가지입니다. 매일 퇴근 후 놀아주던 보호자가 어느 날부터 모른 척한다면 고양이의 마음은 어떨까요? 매일 깔끔하게 청소되던 화장실이 점점 더러워진다면 고양이는 어떤 생각이 들까요? 창문도 없는 좁은 방에서 하루 종일 지낸다면 고양이는 얼마나 답답할까요? 이렇게 하나둘씩 문제가 쌓이면 고양이는 행동으로 그 문제를 표현합니다. 잘 가리던 대소변 실수를 하기도 하고, 자기 몸을 강박적으로 그루밍하기도 합니다. 밤낮없이 울어대기도 합니다. 그러면 보호자는 우리 고양이는 왜 이렇게 문제가 많을까 한탄합니다. 정작 문제의 원인은 다른 곳에 있는데 말이지요.

고양이와 함께 살기로 결정했을 때는 마냥 행복한 미래를 떠올렸을 것입니다. 그러나 고양이와 함께 살면 이런저런 어려움이 분명 있습니다. 다 큰 성인과 성인이 함께 살아가는 데도 힘이 드는데, 말이 통하지 않는 동물이라면 더하겠지요. 고양이가 문제행동을 보이기 시작하면 함께 맞춰가는 과정이라고 생각해주세요. 그 과정만 슬기롭게 넘기면 우리는 분명, 고양이와 함께 행복해질 수 있습니다. 그리고 그 문제행동이라는 것의 해결책도 아주 단순한 것들이 의외로 많습니다.

한 생명과 함께한다는 것에 대해 너무 가볍게 생각하고 결정한 것은 아닌지 생각해보세요. 적어도 이 책을 읽고 난 독자라면 고양이가 어떤 동물이고 어떤 것들이 필요한지 미리 고민하고 충분히 준비하기를 바랍니다.

Prologue

PART 1

고양이라 그렇습니다

먼저 집 안부터 살펴보겠습니다

잘 안다고 생각하지만 잘 모르는 것들

뭐 재밌는거 있어?
딱!
딱!

PART 4
당신의 고양이는
지금 행복하지 않을 수 있습니다

고로롱
고로롱

PART 1

고양이라 그렇습니다

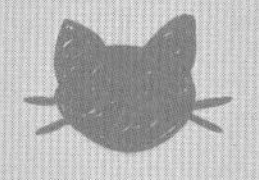

고양이의 문제행동을 해결하고 싶다면
가장 먼저 해야 할 것은 고양이를 불편하고
불행하게 만든 것이 무엇인지 찾아보는 노력입니다.

오늘도 한바탕 말썽을 부렸습니다

"일부러 저러는 거 같아요. 화났다고 성질부리는 거잖아요."

멀쩡한 화분을 헤집어놓거나 두루마리 휴지를 뜯어놓는 건 양반입니다. 자기는 낮에 종일 잤으면서 보호자가 잠을 자야 하는 밤이면 이거 해달라, 저거 해달라 말이 많습니다. 슬리퍼란 슬리퍼는 죄다 물어뜯어놓고 서랍 여는 건 어디서 배웠는지 서랍 속에 넣어둔 비닐봉지를 몽땅 꺼내놓습니다. 그리고 보호자가 난장판인 광경에 놀라면 '무슨 일이 있냐?'는 듯 멀뚱멀뚱하게 쳐다봅니다.

보호자들은 고양이가 곤란한 행동을 하면 고양이가 화가 났다고 생각합니다. 뭔가 마음에 안 드는 게 있어서 보호자를 괴롭히려고 말썽을 부리는 거라고요. 드라마를 보면 분노한 사람이 책상 위의 물건을 쓸어버리거나 책장의 책들을 뽑아 던져버리는 것처럼 말입니다.

'아, 성질나!'

'화가 나서 미치겠어!'

이런 감정의 표현으로요. 그래서 고양이가 이런 행동을 하면 '성질나서 못 살겠네' 정도로 해석하게 되는가 봅니다. 하지만 고양이는 화가 나서 못된 행동을 하는 게 아닙니다. 대부분 하루 종일 집 안에서 지루한 시간을 보내며 혼자 놀았던 흔적인 경우가 많습니다.

야생 동물에 가까운 고양이는 매일매일 해소해야 할 에너지가 있습니다. 그 에너지가 충분히 해소되지 못하면 어떤 행동을 해서든지 남은 에너지를 소모해야만 합니다. 그런 행동들 중, 곤란한 행동을 문제행동이라고 통칭합니다. 문제행동은 사람뿐 아니라 고양이에게도 해롭기 때문에 빨리 교정을 하는 것이 좋습니다.

고양이가 화장실 밖으로 자꾸 감자와 맛동산을 물어서 꺼낸 다음 발로 차고 논다고 고민하던 보호자가 있었습니다. 공 모양의 장난감을 사주면 멈추기는 하는데 그때뿐이고, 장난감이 망가지거나, 가구 밑으로 들어가거나, 눈앞에서 사라지면 또 다시 감자와 맛동산을 꺼내서 논다고요. 집 안이 엉망이 되는 것은 물론 위생까지 걱정이 되는데 근본적인 해결 방법이 있는지 알고 싶다고 했습니다.

고양이는 왜 이러는 것일까요? 집 안을 난장판으로 만들려고 작정을 한 것일까요? 이유는 단순합니다. 놀고 싶은데 놀거리가 없으니까 나름 머리를 굴려 창의력을 발휘한 것입니다. 감자와 맛동산을 꺼내서 놀지 않았다면 슬리퍼라도 물어뜯었을

탕탕!!
씨익-
잘근
잘근
우다다
다다다

것입니다.

어떨 때는 고양이가 도대체 이해가 되지 않습니다. 한밤중에 혼자서 온 집 안을 뛰어다니는 고양이를 보면 의아할 때도 있습니다. 고양이는 도대체 왜 '우다다'를 하는 것일까요? 곤히 잠든 보호자를 괴롭히려는 것일까요?

집 안에서 사는 고양이는 에너지가 남아돕니다. 매일 배불리 먹으니 사냥을 할 필요도 없고, 중성화가 되어 짝을 찾아다닐 필요도 없으니까요. 보호자가 놀아주지 않는다면 혼자서라도 날뛰며 남아도는 에너지를 발산해야 합니다.

고양이가 말썽을 부린다는 생각이 든다면 가만히 돌이켜보세요. 요즘 고양이와 함께하는 시간이 줄어들지는 않았는지, 피곤해서 사냥놀이를 건너뛰지는 않았는지….

'자기한테 관심을 안 갖는다고 화가 나서 사고를 치는구나'

또는 '나 보라고 일부러 저러는구나'라고 생각하기 전에 '혼자 지루한 시간을 보내느라 고생 많았구나' 하며 안쓰럽게 여겨주세요.

너무나 까다로우신
고양이님입니다

"마시는 생수가 정해져 있어요. 브랜드가 바뀌면 어떻게 아는지 절대 안 마셔요."

"화장실 청소를 한 번만 걸러도 난리가 나요. 어찌나 깔끔한지…."

"더 좋은 사료로 바꿔주려다 큰일 날 뻔했어요. 다른 사료는 입에도 대려고 하지 않아요."

이래도 좋고 저래도 좋은 둥글둥글한 성격의 고양이도 있습니다. 뭐든지 잘 먹고, 화장실 청소를 걸러도 참아줍니다. 예민하지 않고 낯선 자극에도 무던해 낯선 사람이 와도 잘 안기고 청소기를 돌려도 그러려니 합니다. 제가 그동안 보아온 고양이들을 떠올려보면 이런 순둥순둥한 고양이가 열 마리 중 서너 마리 정도는 되는 것 같습니다. 반면 유난히 예민하고 까칠한 고양이도 열 마리 중 한 마리 정도는 됩니다.

고양이는 기본적으로 예민한 동물이지만 그중 특히 더 예민한 고양이가 있습니다. 예민하기 때문에 까다롭게 굽니다. '모시기'는 힘들어도 이런 고양이는 보호자에게 자랑이 되기도 합니다. 예민하고 섬세한, 아름다운 귀족 고양이처럼 여겨지니까요. 이런 고양이의 성향에 매력을 느끼는 보호자들도 많습니다. 하지만 문제가 있습니다. 까다로운 성향이 자칫 고양이의 건강을 해치는 요인으로 작용할 수 있다는 점입니다.

극단적인 예를 들어볼까요? 보호자가 일주일째 밥을 먹지 않는다며 8살 된 고양이를 병원에 데려왔습니다. 5년 전부터

한 가지 사료만 먹던 고양이입니다. 워낙 까다로운 고양이가 잘 먹으니까 계속 한 가지 사료만 먹였던 것이 화근이 되었습니다. 사료가 리뉴얼되는 바람에 하는 수 없이 리뉴얼된 사료를 급여했는데 고양이가 사료를 입에 대지도 않았습니다. '이 사료는 먹을까?', '저 사료는 먹을까?' 하며 20여 가지 사료를 급여해 봤지만 어떤 사료에도 입을 대지 않았습니다. 식욕촉진제도 처방해봤지만 아무 소용이 없었습니다. 미국 본사에 연락해서 재고 상품을 구할 수 있는지 문의도 해봤지만 구할 수 없었습니다. 고양이는 굶어죽기 직전이었고 보호자는 미쳐버리기 직전이었지요. 다행히 최악의 상황 직전에 고양이가 리뉴얼된 사료를 조금씩 먹기 시작했습니다. 그렇게 겨우 죽을 고비를 넘겼습니다.

선천적으로 더 까다로운 성향을 가지고 태어난 고양이가 있습니다. 그런 까다로운 고양이의 보호자가 하는 가장 큰 실수는 고양이의 까다로운 성향에 완벽하게 맞춰주는 것입니다. '우리 고양이는 원래 이러니까 이렇게 해줘야 한다'고 생각합니다. 하지만 까다로운 성향에 무조건 맞춰주기만 하면 고양이의 성향을 고착화시켜 더 폐쇄적으로 만들 수 있습니다.

고양이 수의사를 하면서 알게 된 사실이 있습니다. 고양이는 보호자를 닮는다는 것입니다. 어떤 보호자는 고양이를 세세하게 살피며 고양이가 조금이라도 불편해하거나 싫어하면 그것을 해결해주기 위해 백방으로 노력을 합니다. 사실 보호자가 무디고 예민하지 않으면 고양이의 작은 변화나 반응을 알아채지 못하고 그냥 넘어갑니다. 그래서 까다로운 고양이 옆에는 고양이만큼 까다로운 보호자가 있습니다. 까다로운 고양이가 까다로운 보호자에게 까다롭게 보살핌을 받으면 어떻게 될까요? 점점 더 까다로워집니다. 한 가지 사료만 먹던 고양이가 사료 리뉴얼만으로도 생명이 위독해지는 상황까지 갈 수 있는 것처럼요.

고양이는 예민해서 맞춰줘야 한다고 생각해 고양이가 싫어하면 조금이라도 더 좋아하는 방향으로만 맞춰주려고 합니다. 결국 고양이는 낯선 자극을 받아들이지 못하고 자신이 원하지 않는 것, 싫어하는 것은 전혀 받아들이지 못하는 까다로운 고양이가 됩니다. 무조건 맞춰주는 것이 고양이를 위한 것이 아닙니다. 싫어하는 것을 참아냈을 때 긍정적인 보상을 주어 싫어도 참는 법을 가르쳐야 합니다.

고양이가 좋아하지 않는 것도 적당히 받아들이고, 불편해도 어느 정도 참아내는 법을 배울 수 있도록 도와주세요. 그게 고양이를 위하는 길입니다. 지나치게 예민하면 스트레스도 잘 받습니다. 그러니 스트레스에 강해질 수 있도록 까다로움을 가라앉혀주세요.

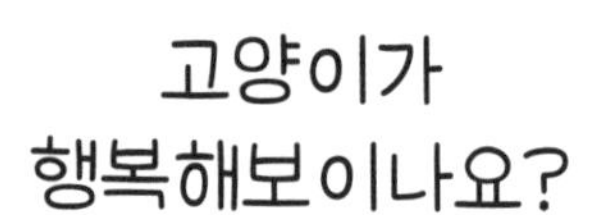

고양이가 행복해보이나요?

고양이를 보면 근심, 걱정 없이 행복해보입니다. 한가하게 멍한 얼굴로 창밖을 바라보고 따뜻한 햇볕이 드는 곳을 찾아 눕습니다. 하는 일도 없이 하루 종일 잠을 자고 "야옹" 하며 보호자를 애틋하게 바라보면 맛있는 간식을 먹을 수 있습니다. 보호자가 이름을 불러도 귀찮으면 쳐다보지도 않고 꼬리만 몇 번 흔들고 맙니다. 뭐든 제 맘대로입니다. 통통한 배를 드러내고 세상 편하게 잠을 자는 고양이를 보고 있으면 보호자도 만족스럽습니다. 고양이가 완벽하게 행복해보이니까요.

그런데 고양이는 정말 행복해서 매일 늘어져 있는 걸까요? 야생의 고양이는 하루 중 약 3분의 2를 쉬거나 잠을 자며 보냅니다. 그 외 세 시간 정도는 사냥을 하고 한두 시간 정도는 그루밍을 합니다. 그리고 나머지 시간은 영역을 돌아다니며 순찰을 합니다.

여러분의 고양이는 어떻게 하루를 보내고 있습니까? 사냥놀이는 매일 얼마나 하고 있나요? 집 안 순찰은요? 그루밍도 열심히 하고 있습니까? 사실 우리가 떠올리는 고양이의 한가로운 모습은 무기력증에 빠진 모습일 수 있습니다. 아무 자극도 없는 무료한 생활을 하고 있는 고양이의 전형적인 모습입니다.

고양이가 야생의 본능을 잘 해소하며 살고 있다면 잘 먹고 잘 자고 잘 움직여야 합니다. 사냥놀이도 나이에 상관없이 좋아하고 몇 살이 되어도 새끼 고양이처럼 잘 놉니다. 편안히 누워서 쉬고 있는 모습이 아니라 활력 넘치게 노는 모습이 스트레스 없이 에너지를 발산하며 행복하게 잘 살고 있다는 증거입니다.

잘 놀던 고양이가 어느 순간부터 잠만 잔다면 삶의 활력 자체가 떨어졌다는 신호입니다. 먹고 자기만 하면 체중이 점점 불고 체중이 불면 움직이는 게 불편해져 살이 더 찝니다. 그런데 보호자는 사람의 눈으로 고양이를 보면서 '세상 편하게 사네' 또는 '고민 없이 사네' 하며 부러워합니다. 하지만 고양이가 느끼는 삶의 만족도는 보호자가 바라보는 것만큼 높지 않을 수 있습니다.

고양이의 비만은 삶의 질과 관련이 많습니다. 무엇보다 뚱뚱한 고양이는 자주 아픕니다. 특발성방광염, 당뇨병, 췌장염에 걸릴 위험성이 커지고 식욕부진 상태일 때 쉽게 지방간합병증에 걸릴 수 있습니다. 심장 기능 이상으로 응급 상황에 처할 위험도 높아집니다. 퇴행성관절염이 있을 경우 비만 고양이는 과도한 체중 때문에 통증이 훨씬 큽니다.

살이 많이 찐 고도비만 고양이들은 스트레스 지수가 더 높습니다. 사람도 고도비만이면 움직이는 것도, 씻는 것도 불편합니다. 고양이도 마찬가지입니다. 그루밍을 제대로 하지 못하면 짜증이 나서 공격적인 모습을 보일 수 있습니다. 사람이 스트레스를 받으면 폭식을 하게 되는 것처럼 고양이도 스트레스를 받으면 먹는 것에만 집착을 하게 되고 더 비만해집니다.

고양이는 보호자가 없는 시간에 충분히 편안하게 휴식을 취합니다. 그러니 보호자와 함께 있는 시간만큼은 에너지 넘치고 활기 있게 움직이도록 도와주어야 합니다. 많이 먹고 많이 자는 모습이 아니라, 잘 놀고 잘 움직이는 모습이 고양이가 정말 행복한 모습이니까요.

제멋대로인 인간에
늘 혼란스럽습니다

갑자기 뜬금없이 귀여운 눈으로 다가와서는 쓰다듬어달라는 듯 몸을 비비며 애교를 부립니다. 그래서 열심히 쓰다듬어주면 금방 또 언제 그랬냐는 듯 도도하게 다른 곳으로 향합니다. "조금만 더 쓰다듬자!" 애원하면 '왜 이렇게 질척거려?' 하는 얼굴로 쳐다봅니다. 아직 끝내지 못한 일을 끌어안고 늦은 밤 컴퓨터 앞에 앉아 있으면 다가와 "야옹" 하며 아는 척을 합니다. 모니터 앞에 자리를 잡고 앉아서 귀여운 눈으로 쳐다봅니다. 보호자가 고양이와 놀고 싶을 때는 쿨하고 제멋대로 굴면서 자기가 필요할 때만 보호자를 찾아와 응석을 부리고 애간장을 녹입니다. 고양이는 보호자의 사정을 통 봐주지 않습니다. 너무나 사랑스럽지만 너무나 제멋대로입니다.

그러나 고양이가 보기에는 사람만큼 제멋대로인 존재도 없습니다.

'아까는 함께 포근한 이불 속에서 실컷 낮잠을 잤는데 갑자기 침대 밖으로 밀어내며 심지어 방 밖으로 쫓아냅니다. 어제는 잠까지 깨워서 사냥감을 흔들어주더니 오늘은 같이 놀자고 해도 모른 척 자기 일만 합니다. 사냥놀이가 하고 싶다고 다가가면 짜증스럽게 소리를 지르며 신경질을 냅니다. 매일 아침 7시면 일어나서 아침밥을 주더니 어떤 날은 10시가 되도록 일어날 생각을 안 하고 잠만 잡니다. 기분이 좋으면 이불 속에서 손가락을 꼼지락거리며 사냥놀이를 해주면서 어느 날은 갑자기 손가락이 사냥감이냐며 콧잔등을 후려칩니다. 이거 당최 어느 장단에 맞춰 춤을 춰야 할지 모르겠습니다. 인간이란 정말이지 해석이 불

가능한 존재입니다.'

고양이는 이렇게 생각할지도 모릅니다.

사람의 눈에 예측 불가능하게 보이는 고양이는 사실 사람보다 훨씬 예측 가능한 존재입니다. 고양이는 매일 비슷한 패턴으로 반복되는 삶에서 안정감을 느낍니다. 정해진 자신의 영역 안에서 늘 비슷한 시간에 먹고, 늘 비슷한 시간에 놀고, 늘 비슷한 시간에 잠을 자며 시간을 보냅니다. 그러니 고양이와 함께 살기로 결정했다면 규칙적인 생활을 각오해야 합니다.

매일매일 비슷한 시간에 꾸준히 고양이와 시간을 가지는 것이 중요합니다. 주중에 바쁘다는 이유로 '주말에 몰아서 놀아줘야지' 하는 생각은 고양이에게 통하지 않습니다. 주말에 실컷 놀고 나면 평일에 상실감이 더 커집니다. 고양이는 주말과 평일의 개념이 없습니다. 고양이가 매일매일 자신만의 스케줄대로 생활할 수 있도록 도와주세요.

무엇보다 자신의 컨디션과 기분에 따라 일정한 기준 없이 고양이를 대하지 말아주세요. 어떤 날은 침대에서 같이 자면서 어떤 날은 방문을 걸어 잠그고 못 들어오게 하고, 어떤 날은 사냥놀이를 하면서 어떤 날은 사냥놀이를 안 하고…. 동일한 상황에서는 동일한 기준으로 고양이를 대해야 고양이가 불안감을 느끼지 않고 스트레스를 받지 않습니다. 그래야 고양이가 해도 되는 것, 해서는 안 되는 것을 구분할 수 있습니다.

고양이도
기분이라는 것이 있어요

고양이는 원래 경계심이 강한 동물입니다. 예민한 고양이들은 초인종이 울리거나 낯선 사람의 소리가 들리면 기절초풍해서 현관에서 가장 멀리 떨어진 침대 밑으로 쏜살같이 달려가 숨습니다. 정상적인 야생의 습성입니다. 야생에서는 이렇게 해야만 살아남을 수 있기 때문입니다.

고양이를 자극하는 것은 사실 보호자와 손님입니다.

"어머 예뻐! 너무 귀여워. 이리 와봐. 한 번만 만져보자."

겁을 잔뜩 먹은 고양이를 들어 올려 어떻게든 가까이에서 보려고 합니다. 싫다는 데도 만져보고 싶어 억지로 잡아 끌어당깁니다. 고양이 기분은 아랑곳하지 않습니다.

고양이 보호자라면 한번쯤 들어봤을 이야기가 있습니다.

"고양이는 고양이를 싫어하는 사람을 좋아한다."

여러 사람들이 모여 있을 때 고양이는 꼭 자기를 가장 싫어하는 사람 무릎 위에 올라가 앉는다고 합니다. 어쩜 그렇게 고양이는 자신을 싫어하는 사람을 바로 알아채는지 신기할 정도입니다. 사실 여기에는 고양이 나름의 법칙이 있습니다. 고양이를 싫어하는 사람은 고양이를 쳐다보며 큰소리로 수선을 떨지 않고 어떻게든 만져보려고 손을 뻗지도 않습니다. 피하는 고양이를 졸졸 따라다니며 귀찮게 하지도 않습니다. 그러니 고양이 입장에서는 고양이를 싫어하는 사람이 가장 안심할 수 있는 상대입니다.

수의사도 고양이와 개를 대할 때의 진료 태도가 매우 다릅니다. 개를 대할 때는 일단 한 톤 높여서 한껏 들뜬 목소리로 맞이합니다.

"오! 해피 왔어? 아이 좋아!"

마치 유치원 선생님이 아이를 대하듯 목소리를 높여 말하면서 눈을 맞추고 쓰다듬습니다. 그러면 개는 너무 행복해합니다.

그러나 고양이에게는 이런 인사가 통하지 않습니다. 고양이는 눈을 직접 마주치는 행위를 공격으로 받아들입니다. 저 역시 내원하는 고양이와는 최대한 눈을 마주치지 않도록 노력합니다. 그러고는 안 보는 척 슬쩍슬쩍 가자미눈을 뜨고 진료를 봅니다.

그런데 간혹 진료 중에 보호자가 고양이를 더 불안하게 만들 때가 있습니다. 고양이가 아파하거나 싫어하는 내색을 하면 "어떡해! 어떡해!", "너무 미안해!", "잠깐만! 잠깐만 참자!" 하고 큰 소리를 내며 어쩔 줄 몰라 합니다. 보호자의 불안해하는 행동과 겁에 질린 목소리가 고양이를 더 불안하게 만듭니다. 보호자가 아무 일 없다는 듯 침착하게 행동하고 목소리 톤을 낮춰야 고양이가 덜 불안해합니다.

집을 방문한 손님들도 마찬가지입니다. 무심하고 차분하게 행동해야 합니다. 절대 큰소리를 내거나 "예쁘다", "귀엽다" 하며 고양이에게 관심을 쏟으면 안 됩니다. 고양이는 너무 무섭고 불안해서 안 보이는 곳으로 숨고 싶어지니까요. 고양이는 자신이 괜찮을 때만 쓰다듬거나 놀아주는 사람을 좋아합니다. 다가올지, 말지 관계의 주도권은 전적으로 고양이에게 맡겨야 합니다.

사람들을 좋아하고 누구에게나 친근하게 대하는 강아지와 같은 성향의 고양이, 일명 '개냥이'도 많습니다. 그러나 고양이가 '개'처럼 행동하는 것이 일반적인 일은 아닙니다. 그러니 고양이가 낯선 사람에 대해 두려움을 느끼고 피하고 숨으려는 것은 특별한 일이 아닙니다. 고양이라서 고양이처럼 반응하는 것이니까요. 고양이를 고양이로 이해해주세요.

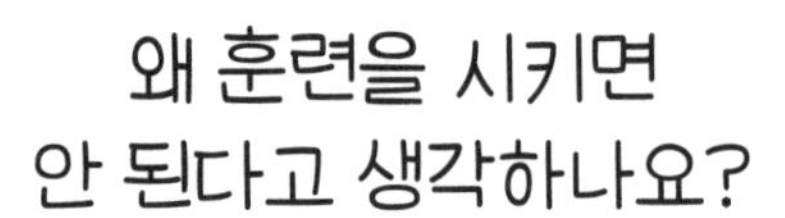

왜 훈련을 시키면 안 된다고 생각하나요?

강아지는 말썽을 부리거나 컨트롤이 되지 않으면 훈련소에 보내는 방법이 있습니다. 아무리 골치를 썩이던 강아지들도 훈련소에 입소해 한두 달만 교육을 받으면 못된 버릇이 대부분 고쳐집니다. 그런데 고양이 훈련소에 대해 들어본 적 있나요? 훈련소는 고사하고 고양이 호텔이나 탁묘도 성격이 온순하고 겁이 없는 고양이들이나 가능합니다.

왜 고양이는 훈련소가 없을까요? 훈련이 불가능하기 때문일까요? 이유는 간단합니다. 고양이는 자기 영역을 떠나서 새 영역에 적응하는 것 자체가 너무나 큰 스트레스이기 때문입니다. 어떤 고양이들은 훈련소 적응이 완전히 불가능한 경우도 있습니다. 그러니 고양이 훈련소가 없는 것은 훈련이 불가능해서도 아니고, 훈련이 불필요해서도 아닙니다.

고양이가 강아지처럼 '앉아', '엎드려', '기다려'를 한다면 고양이의 습성을 해치는 것 같기도 합니다. 그래서 그런지 고양이 보호자들은 고양이 훈련이라는 말에 거부감을 보이는 경우가 종종 있습니다. 그러나 보호자와 반려동물 간의 훈련이나 교육은 '놀이'이기도 합니다. 인터넷에서 고양이 훈련법을 찾아보면 고양이와 하이파이브를 하거나 이름을 부르면 무릎 위에 올라와 앉는 훈련 등이 나옵니다. 그렇다면 이런 훈련은 고양이의 습성을 무시하는 것일까요? 보호자의 만족을 위해서 고양이에게 서커스를 가르치는 것일까요? 반려동물과 훈련 놀이를 하고 싶다면 개를 키워야지 왜 고양이에게 이런 것을 시키는지 반감이 드나요?

기본적으로 훈련을 하는 과정은 보호자와 고양이가 함께하는 시간을 늘려줍니다. 고양이가 원하는 행동을 할 때마다 맛있는 것으로 보상을 해주고, 좋아하는 부위를 만져주고 쓰다듬어주며 "예쁘다", "잘했다"라고 다정하게 말을 걸어줘야 합니다. 그렇다면 고양이가 보호자와의 이런 시간을 싫어할까요? 간단한 행동들을 가르치다 보면 고양이와 사이도 좋아지고 놀이 운동도 되고 교감도 나눌 수 있습니다. 보호자가 원하는 행동을 하도록 교육시키는 것이니까 훈련이라고 부를 수도 있겠지만 이러한 과정을 놀이라고 생각하면 고양이와 보호자의 사이가 더 깊어질 것입니다.

고양이가 싫어하고 거부하는 행동이지만 꼭 알려줘야 하는 것도 있습니다. 발톱 깎기와 양치질입니다. 하네스H형 목줄나 인식표를 채우는 훈련도 고양이에게 도움이 됩니다. 병원을 갈 때 하네스를 한 후 이동장에 들어가면 만일의 사태가 생긴다고 해도 어느 정도 안심이 되니까요. 고양이 훈련은 단순히 고양이를 길들이기 위해 필요한 것이 아닙니다. 고양이가 좀 더 안전하고 편안한 생활을 할 수 있도록 필요한 행동을 가르치는 것입니다.

고양이가 싫어하고 거부한다고 무조건 고양이가 원하는 대로 맞춰주는 것은 고양이를 위해서도 좋지 않습니다. 해서는 안 되는 행동에 대해서는 대체할 수 있는 행동을 알려주고 보호자가 원하는 행동을 하면 칭찬으로 보상하는 식으로 훈련을 해야 합니다. 그럼 고양이도 자신에게 필요한 것을 거부하지 않고 받아들일 수 있게 됩니다.

몸이 아프면 하지 않던 행동을 할 수 있습니다

많은 사람들이 저에게 묻습니다.

"고양이에게 그동안 없던 못된 버릇이 생겼어요. 어떻게 해야 고칠 수 있을까요?"

어느 날 갑자기 고양이가 문제행동을 보이기 시작하면 보호자들은 당황합니다. 고양이 문제행동 교정법을 찾아보고 열심히 따라 해봅니다. 하지만 도무지 나아질 기미가 보이지 않습니다. 문제행동이 전혀 고쳐지지 않는다고 골치 아파합니다.

병원이나 EBS 〈고양이를 부탁해〉 프로그램 홈페이지에도 고양이의 문제행동에 대한 이야기가 많이 올라옵니다. 고양이가 이런저런 문제행동을 하는데 어떻게 해야 고칠 수 있는지 방법을 알려달라고 합니다. 그러나 단순히 어떤 행동을 하고 있다는 내용만으로는 무엇이 원인인지, 어떤 방법으로 고칠 수 있는지 알 수 없습니다. 고양이의 문제행동은 단순히 '못된 습관'이 아닐 수 있기 때문입니다.

출산한 지 2개월이 넘은 팡이는 젖을 뗄 시기가 지났는데도 여전히 새끼들에게 젖을 물리고 새끼가 잠깐이라도 보이지 않으면 찾아다니며 울어대는 모성애가 강한 고양이였습니다. 그런데 출산 후 배변 실수가 시작되었습니다. 침대 위나 카펫, 심지어 벗어놓은 옷 위에도 가리지 않고 설사를 했습니다. 보호자는 출산 후 무기력증과 함께 찾아온 배변 실수였기 때문에 육아 스트레스 때문일 거라고 생각했습니다. 그러나 분변 검사 결과,

장 내 유해세균 과증식과 원충 감염이 확인되었습니다. 팡이는 배변 실수를 하고 있었던 것이 아니라 몸이 아팠던 것입니다.

보호자들은 고양이가 어느 날 갑자기 이상한 행동을 하기 시작하면 어떻게 하면 문제행동을 그만두게 할 수 있을까부터 고민합니다. 그러나 행동 교정 방법을 적용하기 전에 건강 검진을 받는 것이 먼저입니다. 고양이가 예전과 다른 행동을 하거나 공격성이 늘었다면 몸이 아프다는 신호일 수 있기 때문입니다. 특히 다묘 가정에서 잘 지내던 고양이가 어느 날부터 다툼이 잦아졌다면, 유독 한 마리의 공격성이 늘어났다면 몸이 아픈 것이 이유일 수 있습니다. 몸이 아프면 누구에게든 짜증을 내고 싶어지니까요.

평소보다 더 많이 울고 사람에게 치대고 몸을 건드리기만 해도 공격성을 보인다면 '못된 버릇'이 생겼다고 생각하지 말고 어디 아픈 데는 없는지부터 살펴봐주세요. 그러기 위해서는 보호자가 고양이의 평소 생활 패턴과 반응을 잘 파악하고 있어야 합니다. 평상시의 행동 패턴에서 무언가 바뀌었다면 건강에 문제가 생겼다는 신호일 수 있습니다. '귀찮게 군다', '성격이 변했다', '못됐다' 등 불평하지 말고 아픈 곳이 없는지 먼저 확인해 주세요.

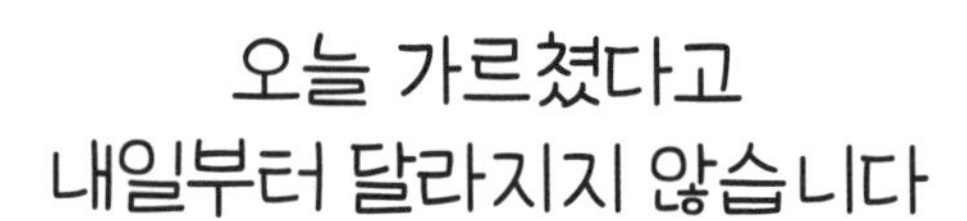

오늘 가르쳤다고 내일부터 달라지지 않습니다

EBS 〈고양이를 부탁해〉 프로그램을 한 번이라도 시청한 고양이 보호자들은 감탄을 합니다. 몇 달, 몇 년씩 계속 되던 문제행동이 몇 시간 만에 사라지는 것처럼 보이니까요. 사연의 주인공인 고양이 보호자도 촬영을 하며 감탄합니다.

"너무 신기해요. 어떻게 저렇게 금방 좋아질 수 있지요?"
"절대 고쳐지지 않더니…. 세상에 한순간에 고쳐지네요!"

정말 하루 만에 문제행동이 싹 고쳐졌을까요? 방송에서 보여주는 것은 '이렇게 해보세요'라는 교정 방법입니다. 그렇게 꾸준히 노력하다 보면 짧게는 1~2주, 길게는 몇 달 후에 문제가 상당 부분 개선될 수 있다는 뜻입니다.

한 가지 확실한 것은 문제행동이 지속된 기간이 짧을수록 교정도 빠르게 진행될 수 있다는 점입니다. 고양이 합사 문제가 생긴 지 한 달 정도 되었다면 환경을 개선해주고 교정 훈련을 하면 1~2주 만에 합사 문제가 사라지기도 합니다. 그러나 몇 년씩 지속된 문제라면 몇 달이 걸릴 수도 있습니다. 모든 문제행동들이 빠르게 해결되는 것은 아닙니다. 최종적으로 실패할 가능성도 있습니다.

혹시 교정 훈련이 성공하면 말썽 많던 고양이가 100% 완벽한 고양이로 다시 태어날 것이라고 생각하나요? 행동학에서 말하는 완치란 문제행동이 0%로 사라지는 것을 의미하지 않습니다. 이전보다 나아졌는지가 기준입니다. 예를 들어 인형이나 담요

같은 것을 뜯는 강박성이식증의 경우, 교정의 목표는 기존 증상에 비해 70% 정도의 개선입니다. 즉, 100%로 완벽하게 문제행동을 없애지 못할 수 있다는 뜻입니다. 물론 증상이 다시 나타나면 재교정에 들어갑니다. 사람도 마찬가지 아닌가요? 담배를 끊은 후 평생 그 상태를 유지하는 사람도 있지만 스트레스를 받을 때마다 다시 담배를 찾는 사람도 있습니다.

"보고 듣고 찾아본 대로 다 했는데도 고양이 행동이 고쳐지질 않아요. 정말 어떻게 해야 될지 모르겠어요. 왜 우리 고양이에게는 이런 방법들이 통하지 않는 것일까요?"

이런 하소연도 많이 듣습니다. 표면적으로 보이는 문제행동이 똑같을 때 동일한 행동 교정법을 적용할 수 있다면 〈고양이를 부탁해〉 프로그램도 몇 회 만에 방송을 종료해야 합니다. 문제행동의 종류에는 한계가 있으니까요. 가장 중요한 것은 근본적인 원인을 해결해주는 것입니다.

고양이가 문만 열면 뛰어나가는 게 문제라면 왜 자꾸 밖으로 나가려고 하는지에 대한 원인을 해결해주고 밖으로 뛰쳐나가는 행동 습관을 교정해주는 방법을 적용해야 합니다. 고양이가 밤새도록 울어대는 게 문제라면 왜 자꾸 밤에 울어대는지에 대한 원인을 해결해주고 밤에 우는 행동 습관을 교정해주는 방법을 적용해야 합니다. 이러한 증상에 대한 원인은 해결해주지 않고 못 나가게 하고 못 울게 하는 방법은 효과가 없습니다.

"TV에서 본 대로 똑같이 해봐도 왜 우리 고양이는 나아지지 않을까요?"

고양이가 왜 그런다고 생각하세요? 고양이의 문제행동을 해결하고 싶다면 가장 먼저 해야 할 것은 우리 고양이를 불편하고 불행하게 만든 것이 무엇인지 찾아보는 노력입니다.

PART 2

먼저 집 안부터 살펴보겠습니다

고양이의 문제행동이 어떤 것이든,
가장 먼저 확인해야 할 것은 집 안 환경입니다.
고양이는 영역 동물이기 때문입니다.

고양이는 영역 동물입니다

"야~옹~!"

"야~~~옹~!"

"야~~~오~~옹~~~~~~!"

키키가 문 앞에 앉아서 울기 시작합니다. 점점 더 필사적으로 울며 문을 긁어댑니다. 그때 손님이 문을 열고 밖에서 들어옵니다. 그 순간을 키키가 놓칠 리 없습니다.

"키키야!"

문이 열리자마자 뛰쳐나간 키키를 보고 보호자가 뒤따라 나가보지만 이미 늦었습니다. 키키는 벌써 담벼락을 넘어 사라졌습니다.

키키는 화실에서 생활하고 있는 아홉 살 러시안블루입니다. 보호자가 화실에서 대부분의 시간을 보내기 때문에 키키도 자연스럽게 화실에서 지내고 있습니다. 평소의 키키는 애교도 많고 발톱도 잘 깎는 나무랄 데 없는 고양이입니다. 그런데 하루에도 몇 번씩 위험천만한 외출을 합니다. 문을 열어줄 때까지 지치지 않고 울어대고 손님이 오갈 때 문이 열리는 순간을 노려 탈출을 감행합니다.

"이해할 수가 없어요. 손님이 오면 나가기에 사람을 싫어하나 했는데, 그건 또 아니에요. 사람을 정말 좋아하는걸요."

보호자는 키키가 나가는 이유를 모르겠다고 했습니다. 하지만 화실 문을 열고 들어선 순간 저는 바로 알았습니다. 키키가 왜 이렇게 하루에도 몇 번씩 외출을 감행하는지를 말입니다. 문제는 10평도 되지 않는 공간이었습니다. 그림을 그리는 사람들이 계속 드나들기 때문에 책상 위에는 화구들이 늘어져 있고, 선반이나 책장에는 짐들이 가득했습니다. 고양이에게 꼭 필요한 공간들이 턱없이 부족했습니다. 그마저도 키키는 다른 고양이 한 마리와 함께 그 공간을 나눠 쓰고 있었습니다.

키키에게 화실은 비를 피하는 급식소에 불과했을 것입니다. 주생활 영역으로 보기에는 쉴 곳도, 놀거리도, 혼자만의 공간도 없었으니까요. 화실이라는 영역이 불만족스러우니, 키키는 밖으로 영역을 확장한 것입니다. 그래서 매일매일 자신의 영역을 둘러보러 외출을 해야 했던 것입니다.

키키의 외출 습관을 없애기 위해서는 화실을 키키가 좋아할 만한 공간으로 바꿔주는 것이 우선입니다. 그래서 보호자와 함께 고양이들이 사용할 수 있는 수직 공간을 확보해주었습니다. 밖을 내다볼 수 있도록 통유리로 된 입구 쪽에 높은 캣타워도 설치했습니다. 벽 쪽에도 선반을 배치해 고양이들이 활용할 수 있는 공간을 늘렸습니다. 그러자 키키의 탈출 빈도가 점차 낮아졌습니다.

“고양이가 왜 자꾸 밖으로 나가려 할까요?” 이 질문은 “집 안 환경이 얼마나 고양이를 무료하게 만들고 있나요?”로 바꿔서 생각해봐야 합니다. 고양이의 문제행동이 어떤 것이든, 가장 먼저 확인해야 할 것은 집 안 환경입니다. 고양이는 영역 동물이기 때문입니다.

개와 고양이를 비교해보면 더 확실하게 알 수 있습니다. 개와 고양이는 어떻게 사람과 함께 살게 되었을까요? 여러 가지 이야기가 있지만, 개는 사람이 늑대 새끼를 데려와 키우면서 사람과 친화적으로 진화해왔다는 것이 가장 대중적인 학설입니다. 반면 고양이는 신석기 농업혁명으로 사람들의 생활지 근처에 쥐가 늘어나면서 사람 근처로 모여들었다고 합니다. 지금도 시골에서 고양이를 키우는 할머니, 할아버지는 마당의 쥐를 잡기 위해 키우는 경우가 많으니까요.

이 이야기가 왜 중요할까요? 도도하고 독립적이며 때론 거만하게 구는 고양이의 속마음을 이해하는 열쇠가 될 수 있기 때문입니다. 개는 사람과 함께 살기 시작한 처음부터 사람에게 의식주를 전적으로 의존하며 살았습니다. 하지만 고양이는 사람의 생활지에서 독립적으로 생활하면서 혼자 의식주를 해결해왔습니다. 따라서 생존을 위해 개는 사람과의 관계가 중요하지만 고양이는 공간이 중요합니다.

개에게 보호자는 충성을 다하는 주인이지만 고양이에게 보호자는 영역 안에서 자주 마주치는 동료에 가깝습니다. 오고 가는 길에 마주치면 잠깐 아는 척 인사를 하거나 친근하다면 같이 놀고 그루밍을 하며 시간을 보낼 수 있습니다. 고양이가 영역 동물이라는 개념을 잘 이해하면 어떻게 해야 고양이가 편안하고 행복한 생활을 할 수 있을지에 대해 생각하기 쉽습니다.

고양이에게
꼭 필요한 것

집 안에서 살아야 하는 고양이에게는 보호자가 만들어준 환경이 세상의 전부입니다. 보호자가 화장실을 놓아둔 곳에 배변을 해야 하고 사료그릇과 물그릇을 놓아둔 곳에서 먹어야 하고 스크래처를 놓아둔 곳에서 스크래칭을 해야 합니다. 하지만 그곳이 마음에 들지 않으면 어떻게 할까요? 성격이 무던한 고양이는 싫어도 참고 그곳에서 배변을 하고 밥을 먹습니다. 그러나 예민하고 섬세한 고양이는 화장실을 거부하기도 하고 물을 마시지 않기도 합니다. 멀쩡한 고양이 침대를 놔두고 어둡고 지저분한 소파 밑이나 침대 밑을 파고듭니다. 집 안 환경에 따라 고양이의 삶은 천국과 지옥을 오가게 됩니다.

사료그릇, 물그릇을 하나 놓는 일도 한 번 더 생각해보면 어떨까요?

'과연 이곳이 최선의 장소인가?'

'이런 재질과 형태가 야생의 습성과 맞을까?'

보호자가 창의성을 발휘해서 집 안 환경을 꾸민다면 고양이에게 다양하고 만족스러운 자극을 줄 수 있습니다.

우선 고양이가 살아가기 위해 꼭 필요한 다섯 가지 요소가 집 안에 모두 마련되어 있는지부터 확인해봅니다.

첫째, 다양한 높이의 수직 공간

둘째, 사료, 물 등을 먹는 공간

셋째, 화장실

넷째, 휴식처 및 숨는 공간

다섯째, 스크래처

어떤가요? 이미 알고 있는 내용인가요? 그러나 알고 있다고 해서 잘하고 있는 것은 아닙니다. 고양이 문제로 상담을 하거나 집을 방문해서 느끼는 첫 번째는 보호자들이 알고는 있지만 잘하지 못하고 있는 경우가 많다는 것입니다. 고양이들의 문제행동은 작은 차이로 인해 발생합니다.

가장 흔한 실수는 다섯 가지 요소 중 한 가지쯤은 없어도 괜찮다고 생각하는 것입니다. 앞의 다섯 가지는 선택 요소가 아니라 필수 요소입니다. 반드시 집 안에 다섯 가지가 모두 갖추어져 있어야 하고, 예비 보호자라면 모두 갖춘 후 고양이를 데려와야 합니다.

물론 한두 개가 마련되어 있지 않다고 바로 문제가 나타나지는 않습니다. 하지만 스트레스 수치가 조금씩 올라가다 한계치를 넘기면 어느 순간 폭발적으로 문제행동이 나타납니다. 그러면 보호자는 당황합니다.

'지금까지 아무 문제가 없었는데 갑자기 왜 이러지?'

어느 날 갑자기가 아닙니다. 고양이는 매일매일 참아오고 있었습니다. 그러다 결국 더 이상 참을 수 없는 수준에 이르게 된 것입니다.

지금이라도 고양이가 생활하는 공간을 둘러보세요. 꼭 필요한 다섯 가지 요소가 갖춰져 있나요? 캣타워나 화장실, 사료그릇, 물그릇, 잠자리, 스크래처가 제대로 놓여 있나요? 고양이가 잘 사용하지 않아서 치워버렸다면, 그것은 고양이 습성에 맞지 않는 자리에 놓아두었기 때문입니다. 이제부터 하나씩 고양이가 좋아하는 위치를 알아보겠습니다.

하이
파이브!
옛날
생각
난당..
새끼..
내새끼..
찍
먹
찍먹
찰-칵

작은 사냥꾼에게 꼭 필요한 망루, 수직 공간 설치

아직 이야기를 꺼내지도 않았는데 벌써부터 “또 캣타워야?” 하는 소리가 들리는 것 같습니다. 문제행동에 대한 해결책으로 가장 많이 등장하는 것이 바로 캣타워입니다. 실제로 EBS 〈고양이를 부탁해〉 프로그램을 진행하면서 참 많은 캣타워를 조립하고 설치했습니다. 결국 〈캣타워를 부탁해〉라는 특집편이 방송되기도 했지요. 이것은 고양이에게 얼마나 수직 공간이 중요한지, 그리고 그렇게 중요한 수직 공간을 제대로 마련해주지 않은 보호자들이 얼마나 많은지에 대한 반증이기도 합니다.

고양이는 야생의 본능이 아직 많이 남아 있는 동물입니다. 이런 고양이를 한마디로 표현하는 말이 있습니다. 바로 '작은 사냥꾼'입니다. 수직 공간은 작은 사냥꾼인 고양이에게 매우 중요한 공간입니다. 캣타워는 고양이에게 있어 일종의 망루라고 할 수 있습니다. 고양이는 이곳에서 포식자가 다가오는지, 또는 사냥감이 어디서 움직이는지 포착할 수 있습니다.

캣타워가 고양이에게 어떤 의미인지 안다면 어떤 곳에 캣타워를 설치해야 하는지 분명해집니다. 1순위는 창밖이 잘 보이는 곳입니다. 새나 곤충이 날아다니는 것을 바라보며 사냥 본능을 충족시킬 수 있고 자신의 영역을 위협하는 다른 고양이가 없는지 경계할 수 있습니다. 2순위는 집 안 곳곳이 보이면서 현관을 마주하고 있는 곳입니다. 예민하고 경계심이 많은 고양이가 있다면 사람들이 드나드는 현관문 맞은편 벽에 캣타워를 설치하면 좋습니다. 캣타워 위에서 들어오는 사람들을 감시하면서 도망가야 하는지, 안심해도 되는지 판단할 수 있어 불안감이 줄어듭니다.

고양이는 예민하니까 사람들의 왕래가 적은 조용하고 외진 곳이 좋을 것이라고 생각해 창문도 없는 방의 벽에 캣타워를 설치하는 경우를 종종 봅니다. 이런 곳에 캣타워를 설치해두면 고양이가 거들떠보지 않습니다. 올라가봤자 아무것도 볼 수 없으니까요.

캣타워는 특히 다묘 가정에서 중요합니다. 한 집에서 여러 고양이가 영역을 공유하며 살기 위해서는 최대한 사용할 수 있는 평수를 늘려줘야 합니다. 하지만 평수는 한정되어 있습니다. 공간을 넓힐 수 있는 방법은 수직 공간뿐입니다. 다행히 고양이에게는 수직 공간도 생활 평수에 들어가기 때문에 수직 공간을 잘 활용한다면 원룸에서 두 마리를 키우는 것도 가능합니다.

캣타워는 서열 정리에도 도움이 됩니다. 개만큼 서열이 중요하지는 않지만 고양이도 서열 개념이 있습니다. 서열이 높은 고양이가 대부분 높은 공간을 사용합니다. 높은 공간을 사용하는 것만으로도 자신의 서열을 다른 고양이들에게 나타낼 수 있어서 불필요한 싸움을 막을 수 있습니다.

캣타워 위치가 애매하면 캣타워 대신 냉장고 위에 올라가기도 합니다. 이런 경우, 보통 냉장고가 집 안과 현관이 잘 보이는 곳에 놓여 있습니다. 더구나 냉장고 주변에는 싱크대나 식탁 등이 있어서 올라가기도 편합니다. 고양이가 냉장고 위를 좋아한다면 아예 냉장고 위에 쉴 수 있는 방석이나 수평형 스크래처를 놓아두면 됩니다. 쉴 수도 있고 영역도 감시할 수 있어 고양이가 좋아하는 공간이 됩니다.

캣타워뿐 아니라 캣선반도 좋고 아니면 가구들의 높이를 이용해 단계별로 배치해도 고양이에게 훌륭한 수직 공간을 만들어줄 수 있습니다. 가구를 고양이 취향에 맞춰 배치하다 보면 사람의 취향은 무시해야 하지만 고양이와 함께 살기로 했다면 이 정도는 고양이에게 맞춰주는 것도 좋겠지요?

캣타워가 고양이에게 어떤 의미인지 알게 되면 어떤 캣타워가 좋은지도 분명해집니다. 캣타워는 단순히 고양이가 잠을 자거나 쉬는 휴식처나 미끄럼틀 같은 놀이기구 수준에서 끝나는 것이 아닙니다. 높은 곳에서 영역을 살펴보는 망루의 개념이기 때문에 캣타워 선택의 우선순위는 높이입니다. 최소한 사람의 눈높이 정도는 되어야 합니다. 캣타워를 구입한다면 최대한 높은 것을 선택하고 그 외에 바구니나 장난감 등과 같은 부속품 등을 추가하면 좋습니다.

"우리 고양이는 캣타워를 놓아줘도 올라가질 않아요. 그래서 치워버렸어요. 그렇게 설치했다 버린 캣타워가 두세 개는 되는 것 같아요."

이런 보호자들도 종종 있습니다. 왜 고양이가 사용하지 않았는지 이제 감이 잡히나요?

높은 공간을 사용하지 못하고 있는 고양이는 절대 행복할 리 없습니다. 우리 집의 캣타워는 고양이가 좋아하는 곳에 있는지 다시 한번 점검해보세요.

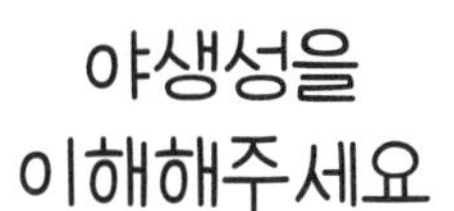

야생성을 이해해주세요

고양이에게 가장 중요한 수직 공간이 잘 마련되어 있다면 이제는 다른 필수 요소들을 살펴볼 차례입니다. 집 안을 한번 둘러보세요. 사료그릇, 물그릇, 화장실, 스크래처, 숨숨집, 방석이 어디에 어떻게 놓여 있나요? 그곳에 놓아둔 기준은 무엇인가요? 아마 전체적으로 봤을 때 가장 적당해보이는 곳이라서 선택했겠지요. 그렇다면 고양이는 어떻게 생각할까요? 고양이의 야생성과 본능을 충족시킬 수 있는 위치일까요?

고양이 물품이라면 없는 게 없이 다 구비되어 있는 집이 있었습니다. 보호자는 베란다를 통째로 고양이를 위해서 꾸며놓았습니다. 고양이는 바깥 구경을 좋아하니까 베란다에 캣타워, 해먹, 잠자리를 나란히 설치했습니다. 그리고 그 옆에 바로 화장실을 놓아주고 화장실 바로 옆에는 사료그릇과 물그릇을 마련했습니다. 고양이를 위해 기꺼이 베란다를 내어준 것 같지만 실은 고양이를 위해서가 아니라 보호자를 위한 결정일 수 있습니다. 인테리어를 '망치는' 고양이 물품들을 최대한 깔끔하게 정리하고 싶었을 테니까요. 물론 베란다나 방 하나를 고양이를 위해 꾸며주는 것은 매우 좋습니다. 그러나 어디까지나 그 외 다른 공간도 충분히 사용하고 있다는 전제하에 말입니다.

행동학적 문제들은 대부분 야생성을 제대로 충족시키지 못하는 환경이 원인인 경우가 많습니다. 전문가에 따라서는 80% 이상이 그런 경우라고 말하기도 합니다. 결국 '야생에서 살아가는 환경과 최대한 비슷하게 집 안을 꾸며주는 것', 이것이 고양이의 삶의 질을 좌우한다고 해도 과언이 아닙니다.

"먼저 집 안부터 살펴보겠습니다."

제가 EBS 〈고양이를 부탁해〉 프로그램을 진행할 때 사연자 집에 도착해서 가장 먼저 하는 말입니다. 문제행동 교정을 위한 첫 번째 단계는 고양이 습성에 맞게 공간이 배치되어 있는지 살펴보고 재배치하는 것입니다. 지금 당장은 아무 문제를 보이지 않는다고 해도 공간에 대한 불만족이 쌓이면 언제든 문제행동이 나타날 수 있습니다. 문제행동이 나타난 후 재교육을 하는 데는 생각보다 많은 노력과 시간이 필요합니다. 문제행동을 예방하는 최선의 방법은 문제행동이 나타나기 전에 공간 구성을 다시 한번 확인하는 것입니다.

첫째, 사료그릇과 물그릇은 떨어뜨려 놓으세요!

병원에 고양이 환자가 오면 보호자에게 초진 차트를 작성하게 합니다. 초진 차트에 반드시 들어가 있는 문항은 '고양이가 몇 마리인지', '사료 먹는 장소가 몇 군데인지', '물 마시는 장소가 몇 군데인지'입니다. 차트를 확인해보면 고양이가 한 마리여도 한 군데, 두 마리여도 한 군데, 세 마리여도 한 군데인 경우가 많습니다. 고양이 수가 많아지면 그릇 크기가 커지는 정도입니다. 하지만 고양이가 한 마리더라도 먹이 장소는 한 군데 이상이어야 합니다. 사냥을 하듯 돌아다니며 사료를 먹을 수 있어야 하기 때문입니다.

보호자가 별 생각 없이 구입하는 제품 중 하나가 사료그릇과 물그릇이 같이 붙어 있는 형태의 그릇입니다. 무던한 고양이라면 거부하지 않고 사용하지만 예민한 고양이에게는 스트레스가 될 수 있습니다. 사료 부스러기가 물그릇에 떨어져 물이 오염될 수 있으니까요. 고양이는 기본적으로 물 마시는 것을 좋아하지 않는데 깨끗하지 않은 물이니 더 싫어합니다. 사료그릇과 물그릇은 최소 1m 이상 떨어트려 놓는 것이 좋습니다.

둘째, 화장실은 넓게 트인 곳에 놓아주세요!

우선 화장실은 기본적으로 퇴로가 확보되어 있는 공간에 마련해야 합니다. 많은 보호자들이 고양이 화장실을 눈에 띄지 않는 베란다나 다용도실에 놓아두는 경우가 많습니다. 냄새도 나고 모래도 떨어져 지저분하기 때문입니다. 고양이가 외지고 어두운 곳을 좋아할 것이라고 생각하지만 전혀 그렇지 않습니다. 특히 다묘 가정에서는 베란다 맨 안쪽 벽에 화장실을 붙여 놓으면 고양이가 화장실을 사용할 때 불안감을 느낍니다. 화장실을 사용하고 있을 때 다른 고양이가 공격하면 도망칠 곳이 없으니까요. 세탁실 옆이나 보일러실도 적합하지 않습니다. 고양이는 개보다 청각이 훨씬 좋기 때문에 소음에 매우 민감합니다. 이런 모든 조건들을 감안하면 고양이에게 가장 좋은 화장실 위치는 거실을 포함한 '방 안'입니다.

셋째, 고양이가 좋아하는 공간에 은신처를 만들어주세요!

고양이에게는 창밖을 보며 멍하게 쉴 수 있는 공간이 필요하고 피곤할 때 몸을 숨길 곳도 필요합니다. 햇빛을 받으며 벌러덩 누워 있을 수 있는 공간도 필요하고 저녁에 본격적으로 잠을 잘 곳도 필요합니다. 평소 고양이가 많은 시간을 보내는 곳에 방석이나 쿠션 등을 놓아주세요. 입구를 제외하고 사방이 막힌 숨숨집도 고양이들이 자신의 몸을 노출시키지 않고 편히 쉴 수 있는 공간이므로 함께 제공해주세요.

넷째, 현관 입구나 잠자는 장소는 스크래칭을 하기 좋은 곳입니다!

기본적으로 스크래칭은 영역 표시 행동입니다. 보통 고양이는 자고 일어났을 때 기지개를 펴고 박박 긁으며 스크래칭을 합니다. 찌뿌둥한 몸도 풀고 영역 표시도 하면서 하루 일과를 시작한다고 생각하면 됩니다. 잠자는 장소 근처나 영역 경계인 현관 근처에 스크래처를 놓아두면 이런 용도로 이용할 수 있습니다.

스크래처는 수평 형태보다는 수직 형태가 좋습니다. 야생에서 고양이과 동물들이 스크래칭을 하며 영역을 표시하는 모습을 떠올려보세요. 일어서서 앞발을 긁지 않던가요? 고양이도 마찬가지입니다. 일어섰을 때 눈높이의 수직 스크래처를 가장 좋아합니다. 하지만 수평형 스크래처도 필요합니다. 고양이는 자기 냄새가 배어 있는 스크래처 위에서 잠을 자는 것을 좋아하니까요.

안전을 지켜주세요

"선생님! 큰일 났어요!"

다섯 살 된 삼색냥의 보호자가 울며불며 병원으로 달려왔습니다. 평소에도 방충망으로 달려와서 스파이더맨처럼 달라붙는 놀이를 좋아하는 고양이였다고 합니다. 그날은 보호자가 방충망을 열고 이불을 털고 있었습니다. 그런데 녀석이 평소처럼 창가로 달려오면서 날아든 것입니다. 방충망이 없었으니 그대로 밖으로 날아갔습니다. 보호자의 말에 의하면 정말 날다람쥐처럼 5층 아파트에서 날았다고 하더군요. 천만다행으로 크게 다치지는 않았지만 또 그런 일이 생길 수 있어 보호자에게 방묘창을 바로 설치하도록 했습니다.

높은 곳에서 추락해서 병원에 오는 고양이가 계절마다 한 마리씩은 있습니다. 이를 수의학에서는 하이라이즈신드롬high rise syndrome이라고 합니다. 고양이들이 높은 곳에서 떨어지는 사고들을 통칭하는 말입니다. 보통은 지나가는 벌레나 새들을 잡으려고 하다가 떨어지는 경우가 많을 것으로 추측됩니다. 이 사고는 호기심이 폭발하는 새끼 고양이 시절에만 일어날 수 있는 것이 아닙니다. 병원에 실려 오는 고양이들의 연령은 다양합니다. 낙하 사고는 평균 15년을 사는 고양이에게 딱 한 번 일어날까 말까한 일이지만, 어쩌면 생의 마지막이 될 수도 있기 때문에 각별히 주의해야 합니다.

지금까지 괜찮았다고 해서 앞으로도 계속 괜찮을 거라고 장담할 수 없습니다. 되도록 방묘창을 설치해서 있을지도 모르는 추락 사고를 예방해야 합니다. 고양이에게 있어 생에 단 한 번도 일어나지 않을 수 있는 사고입니다. 하지만 매년 높은 곳에서 추락하는 고양이들이 생각보다 많이 병원에 옵니다. 한 번 발생하면 돌이킬 수 없기 때문에 절대 가볍게 여겨서는 안 됩니다.

새끼 고양이들의 호기심은 가히 폭발적입니다. 새끼 고양이를 집에 데려왔다면 무조건 보호자가 주의하는 수밖에 없습니다. 기어다니는 아기가 있는 집에는 바닥에 물건을 두지 않습니다. 아기는 손에 잡히는 물건은 무조건 입으로 가져가기 때문이지요. 입에 들어가는 크기의 물건은 언제든 삼킬 수 있습니다. 고양이도 마찬가지입니다. 고양이에게 위험할 수 있는 물건은 보이지 않는 곳에 두는 게 최선입니다.

우선 앞발로 톡톡 건드려 떨어뜨릴 수 있는 물건은 모두 안 보이는 곳으로 치웁니다. 고양이가 물건을 떨어뜨리는 이유는 특별한 것이 아닙니다. 단지 떨어질지 안 떨어질지, 떨어지면 어떤 모습으로 떨어질지 궁금해서 그러는 것뿐입니다. 보호자의 관심을 유발하려고 그런 행동을 하는 고양이들도 있습니다. 고양이가 물건을 떨어뜨리는 이유가 무엇이든지, 고양이가 사는 집이라면 책상 위나 식탁 위에는 떨어져서 깨질 만한 것들이 밖으로 나와 있어서는 안 됩니다.

"고양이가 서랍 위로 올라가려다가 디퓨저를 쏟았나봐요. 디퓨저 액체가 고양이 다리에 묻은 것을 하루가 조금 지나서 발견했어요. 집에 데려온 지 한 달밖에 안 돼 아직 경계가 심해서 만지지도 못하고 있어요. 억지로라도 닦아줘야 할지, 그러다 괜히 스트레스를 주는 것은 아닌지, 어떻게 해야 할지 모르겠어요."

거기는 왜 올라가서 디퓨저를 쏟았냐고 고양이를 혼내야 할까요? 아닙니다. 디퓨저를 치우지 않은 보호자의 잘못입니다. 디퓨저의 성분에 따라 다르지만 일반적으로 고양이는 화학적 자극에 민감하기 때문에 다량의 이물이 묻었을 경우에는 스트레스를 감수하더라도 목욕을 시키는 것이 좋습니다. 또한 몸에 이물이 묻으면 계속 핥기 때문에 단순한 피부 자극에서 끝나는 것이 아니라 구강을 통한 섭취로 인해 독성반응이 나타날 수도 있습니다.

무엇보다 조심해야 할 것은 끈입니다. 고양이 혀에는 미늘이라는 가시가 목구멍 방향으로 촘촘하게 나 있습니다. 미늘 때문에 한 번 입안으로 들어간 것은 밖으로 나오지 못합니다. 특히 끈은 한쪽이 목구멍으로 넘어가면 다시 밖으로 뺄 수가 없어서 매우 위험합니다. 새끼 고양이가 털실뭉치를 가지고 노는 귀여운 모습은 사진을 통해 흔히 봤지만, 사실 이것은 매우 위험한 상황입니다. 현실에서는 절대 보호자 없이 고양이가 끈을 갖고 놀게 해서는 안 됩니다.

보통 한 달에 한 마리 정도의 고양이들이 긴 끈을 먹어서 장이 꼬인 채로 병원에 옵니다. 대부분은 수술로 끈을 제거하면 괜찮아지지만 심각한 고양이는 장의 괴사가 이미 시작되어 장의 많은 부분을 잘라낼 수밖에 없는 경우도 있습니다. 그중 가장 심각했던 고양이는 살릴 수 있는 소장 부위가 남아 있지 않아 수술 후에도 회복하지 못했습니다. 발견 시기가 너무 늦어진 것이 장 상태를 악화시킨 큰 원인이었습니다.

가능한 한 고양이에게 긴 종류의 끈은 노출시키지 마세요. 고양이가 갑자기 구토를 심하게 한다면 꼭 초음파 검사나 조영 촬영을 통해 이물질 섭취 여부를 확인해보아야 합니다. 병원에 가기 전 혀뿌리 쪽에 실이 걸려 있는지 먼저 살펴보는 것도 도움이 됩니다. 종종 실이 혀뿌리에 걸려 있는 경우도 있습니다.

초보 보호자들은 식물에 대해서 잘 모르는 경우가 있습니다. 고양이는 육식동물이지만 풀을 뜯어 먹기도 합니다. 풀을 먹으면 그루밍을 하면서 삼킨 털을 몸 밖으로 배출시킬 수 있으니까요. 문제는 독성이 있는 풀도 먹을 수 있다는 점입니다. 백합, 아마릴리스, 국화, 아이비, 양파, 마늘 등은 고양이가 먹지 않도록 주의해야 합니다. 대신 고양이가 먹어도 되는 식물을 집 안에 놓아둡니다. 이런 식물을 통칭해서 캣그라스라고 부르는데 시중에서 쉽게 구할 수 있습니다.

사람의 화장실도 새끼 고양이들에게는 위험천만합니다. 변기 커버는 꼭 덮어두세요. 새끼 고양이들은 호기심이 왕성해서 여기저기 올라다니며 탐험을 하기 때문에 변기 안으로 미끄러져 빠질 수 있습니다. 변기 물이나 받아놓은 욕조 물에도 새끼 고양이는 빠져 죽을 수 있다는 사실을 기억하고 화장실도 안전지대로 만들어놔야 합니다.

고양이에게 안전한 환경을 만들어주기 위해 이곳저곳을 정리하다 보면 결국 집이 전보다 훨씬 깔끔해지는 모양새가 됩니다. 눈에 보이는 곳에 이것저것 편한 대로 꺼내놓고 살 수가 없으니까요. 고양이 털 때문에 하루에도 몇 번씩 청소기를 돌리게 되니까 이래저래 고양이와 함께하는 생활은 깔끔한 걸 좋아하는 고양이 습성을 닮아갈 수밖에 없습니다. 이 역시 사람에게 좋은 일 아닐까요?

궁금하다옹

Q.고양이에게 위험한 식물을 알려주세요!

백합, 수국, 아이비, 포인세티아, 마거리트, 알로에, 튤립, 포토스, 팬지, 진달래, 꽈리, 나팔꽃, 칼리, 히야신스, 수선화, 은방울꽃 등이 있습니다. ASPCA(미국동물학대방지협회)에서 발표한 내용에 따르면, 고양이가 해당 식물을 먹으면 구토, 설사, 탈수, 전신마비, 혼수 등을 일으킨다고 하니 주의가 필요합니다.

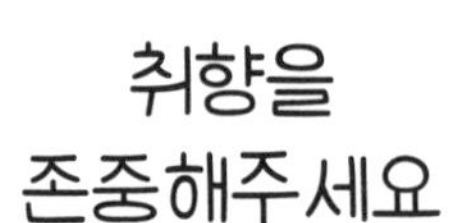

취향을 존중해주세요

고양이와 함께 살다 보면 살 것도 참 많습니다. 집 안 여기저기 눈 돌리는 곳마다 고양이 물건이 놓여 있습니다. 어떤 것은 고양이가 좋아하지만 어떤 것은 거들떠보지도 않습니다. 좋아하지 않으면 또 새로운 용품을 사야 합니다. 고양이 물건을 구입할 때 어떤 기준으로 선택하나요? 역시 집 안에 어울리는지가 우선인가요? 모던하고 심플한 디자인이라면 좋을 것 같나요? 색깔도 너무 튀지 않고 무난했으면 좋겠지요? 무엇보다 관리하기

편한 제품을 찾게 되는 게 사실입니다.

컬러에 대한 선택권은 보호자가 가져도 좋습니다. 고양이는 부분 색맹이라 색 구분을 잘하지 못합니다. 하지만 그 외 선택권은 모두 고양이에게 넘겨주어야 합니다. 사람이 관리하기 편한 제품보다 고양이가 좋아하는 제품이어야 한다는 뜻입니다. 고양이가 어디 보호자 편하라고 싫은 제품을 사용하던가요? 물론 싫어도 사용하는 고양이도 있습니다. 하지만 싫어도 참고 쓰는 것이지 좋아서 쓰는 것은 아닙니다.

제가 고양이 보호자들에게 매번 사지 말라고 하는 제품이 있습니다. 바로 화장실 일체형 캣타워입니다. 보호자에게는 정말 획기적인 제품입니다. 화장실 공간을 따로 마련할 필요도 없고 모래가 여기저기 떨어질 걱정도 없습니다. 왠지 고양이도 좋아할 것 같습니다. 캣타워에서 놀다가 바로 화장실에서 응가를 하고 다시 위로 올라가서 쉬고…. 사방이 막혀 있어서 배변을 할 때 안정감도 느낄 것 같습니다. 그러나 고양이도 정말 그렇게 생각할까요?

간혹 건강했던 고양이가 방광염으로 병원에 올 때가 있습니다. 그럴 때면 보호자에게 물어봅니다.

"혹시 캣타워 일체형 화장실로 바꾸셨나요?"

고양이가 한 마리이든 두 마리이든 캣타워 일체형 화장실은 최악입니다. 고양이가 한 마리라도 놀이 공간과 화장실 공간은 따로따로 나눠져 있는 게 일반적입니다. 다묘 가정이라면 싸움이 일어나기 쉬운 장소가 됩니다. 캣타워 밑에 있는 화장실로 들어가야 되는데 그 위에 고양이들이 앉아서 지켜보고 있다면 마음이 편할까요? 사이가 나쁜 고양이가 캣타워 위에 있다는 것만으로 다른 고양이는 화장실을 갈 때마다 눈치를 봐야 합니다. 방광염이 생길 수밖에 없습니다.

이런 제품은 온전히 사람의 기준으로 만들어진 것입니다. 일단 공간 활용이 좋고 화장실이 폐쇄되어 있어서 냄새도 덜 나고 모래도 덜 떨어집니다. 하지만 이런 화장실은 안에서 밖이 보이지 않아 고양이가 배변 중 주변 상황에 불안감을 느낍니다. 게다가 통풍이 되지 않아서 자기 배설물 냄새를 다 맡아야 합니다. 큰 문제없이 사용하고 있는 고양이가 있다면 정말 인내심이 대단한 고양이입니다.

고양이는 깔끔한 성격이지만 사람 기준의 깔끔함을 좋아하는 것은 아닙니다. 다묘 가정 합사를 위해 방문한 집이 있습니다. 새로 들어온 고양이가 다른 고양이와의 싸움으로 인해 거실을 사용하지 못하고 보호자의 방에서만 생활하고 있었습니다. 거실을 둘러보니 보호자 어머니의 깔끔한 성격이 그대로 느껴졌습니다. 소파와 TV장 외에는 따로 눈에 띄는 물건이 없었습니다. 거실 인테리어만 본다면 고양이가 살고 있는 집이라는 생각이 들지 않을 정도였지요.

고양이는 기본적으로 자신의 움직임이 노출되는 것을 싫어합니다. 편하게 놀고 쉴 때는 문제가 없지만 다른 고양이들 눈에 띄지 않게 조용히 다른 공간으로 가고 싶을 때 숨어서 다닐 수 있는 은밀한 공간들이 필요합니다. 그런데 그 집의 거실에는 숨어서 다닐 공간이 하나도 없었습니다. 고양이들이 거실에서 그대로 서로에게 노출될 수밖에 없는 상황이었습니다. 이런 상황이 지속되면 스트레스가 쌓여 어느 순간 싸움이 시작될 수 있습니다. 우선 새로 합사한 고양이를 위한 은밀한 통로를 만들었습니다. 방법은 간단합니다. 소파를 10cm 정도만 앞으로 당기면 됩니다. 소파 뒤쪽으로 만들어진 약간의 공간으로 고양이가 눈에 띄지 않게 오갈 수 있습니다. 물론 창가에 큼지막한 캣타워도 설치했습니다.

사람 기준의 깔끔한 공간은 고양이에게 무료한 환경입니다. 무료함은 고양이들의 문제행동을 유발하는 원인이 될 수 있습니다. 고양이를 위해 미니멀리즘은 조금 포기하고 고양이가 좋아하는 아기자기한 공간으로 꾸며보세요. 인테리어를 망치더라도 캣타워도 설치하고 터널도 놓아주세요. 택배박스도 고양이가 좋아하는 은신처입니다. 고양이와 함께 살기로 했다면 고양이의 취향도 살펴주세요.

원룸에서 고양이들과 살기

원룸에서 고양이와 함께 사는 보호자들은 하루 종일 좁은 원룸에서 지낼 고양이가 답답하지는 않을지 걱정합니다. 보통 고양이 한 마리당 필요한 생활공간을 10평 정도로 계산합니다. 원룸이 평균 7~8평 정도이므로 고양이에게 그리 나쁘지 않은 환경입니다. 만약 평수가 조금 부족하더라도 수직 공간을 활용하면 얼마든지 충분한 공간을 만들 수 있습니다.

캣타워와 같은 수직 공간은 무조건 필요합니다. 방 구조상 캣타워를 놓을 수 없다면 창가에라도 올라가서 쉴 수 있는 공간을 만들어줘야 합니다. 창가 쪽에 가구를 계단식으로 배치하는 것도 괜찮습니다. 창가 가구 위에 방석이나 스크래처를 놓으면 고양이가 편히 쉴 수 있는 공간이 마련됩니다. 먹는 공간과 화장실을 떨어뜨려 배치하는 것도 기본적인 사항입니다.

바라볼 창가가 없다면 TV를 예약해서 고양이 예능 영상을 틀어주는 방법도 있습니다. 영상이라고 해봐야 새가 날아다니고 먹이를 쪼아 먹는 내용입니다. 그래도 고양이는 재미있게 봅니다. 아이에게 뽀로로 애니메이션을 틀어주는 것과 같은 효과라고 생각하면 됩니다. 심심할 때 이만큼 재미있는 구경거리도 없습니다.

두 마리 이상의 고양이를 키울 때는 수직 공간에 특히 더 신경을 써야 합니다. 방 평수를 늘리는 것이 불가능하기 때문에 수직 공간을 이용해 평수를 최대한 늘려야 합니다. 가구 위나 냉장고 위도 휴식처나 은신처로 사용할 수 있도록 가구를 계단식으로 배치합니다. 먹는 공간도 바닥만 이용하지 말고 수직 공간에도 사료그릇과 물그릇을 올려놓습니다. 물론 사료그릇과 물그릇, 화장실은 '고양이 수+1'로 마련해야 합니다. 고양이는 영역을 함께 사용하는 친한 고양이라고 해도 혼자 있는 시간이 필요한 동물입니다. 원룸에서 두 마리 이상의 고양이를 키울 때는 다른 고양이를 피해 혼자 있을 수 있는 은신처를 신경써서 만들어야 합니다.

두 마리까지는 원룸에서 키워도 별 문제 없이 잘 지낼 수 있습니다. 그러나 세 마리부터는 문제가 발생할 가능성이 매우 높습니다. 사실 원룸에서 세 마리 이상 키우는 것은 말리고 싶습니다. 원룸에서 고양이를 여러 마리 키우는 보호자들도 사정은 있습니다. 하루 종일 혼자 있을 고양이가 불쌍해서 친구를 만들어주고자 둘째를 입양합니다. 생각보다 둘이 잘 지내고 손이 더 많이 가지도 않습니다. 그런데 불쌍해서 데려오고 싶은 고양이들이 눈에 밟히기 시작하고 그렇게 한 마리, 두 마리 가족이 늘어납니다.

좁은 영역 내에서 고양이 밀도가 높아지면 서로를 피하지 못해 서열이 낮은 고양이는 서열이 높은 고양이의 시선에서 벗어날 수 없습니다. 서열이 높은 고양이는 서열이 낮은 고양이가 항상 자신의 시선 안에 있기 때문에 하루 종일 감시하듯 지켜봅니다. 화장실을 못 가게 길목을 막고 밥도 못 먹게 빼앗습니다. 두 마리까지는 어찌어찌 살아도 세 마리부터는 스트레스성 질환이 생길 가능성이 높아집니다.

세 마리의 고양이를 키우면서 첫째 고양이가 방광염이 반복해서 걸리는 경우가 있었습니다. 마지막에는 신장에 2차 손상까지 와서 응급으로 몇 차례 실려오기도 했습니다. 결국 보호자를 설득해서 한 마리를 다른 집으로 입양 보내도록 했습니다. 그랬더니 첫째의 방광염이 재발되지 않았습니다. 물론 세 마리 이상 원룸에서 산다고 모두 문제가 발생하는 것은 아닙니다. 고양이 개체별 성향이 가장 중요합니다. 그러나 문제가 생길 수 있는 확률이 높은 상황을 일부러 만들 필요는 없지 않을까요?

가족들과 함께 고양이와 살기

가족들과 함께 살 때의 가장 큰 문제점 중 하나는 바로 급식입니다. 누가, 언제, 얼마나 고양이에게 사료나 간식을 줬는지 정확히 파악이 안 되기 때문에 고양이가 안 먹은 척 연기를 하며 애교를 부리면 이 사람도 주고 저 사람도 주게 됩니다. 결국 비만 고양이가 탄생합니다. 문제행동을 교정하거나 다이어트를 할 때 간식으로 보상을 하거나 제한급식을 해야 하는데 이런 경우에도 관리에 빈틈이 생길 수 있습니다.

저의 첫 고양이였던 아톰도 룸메이트와 함께 살면서 돌봤습니다. 그러다 보니 룸메이트가 집에 와서 그릇이 비워져 있으면 제가 밥을 안 준 줄 알고 또 밥을 주는 일이 자주 있었습니다. 물론 반대 경우도 있었습니다. 제가 밥을 주고 있으면 룸메이트가 밥을 줬는데 왜 또 주냐고 타박을 했습니다.

가족들과 함께 살더라도 고양이 식사 담당은 한 명으로 제한해야 합니다. 식사 담당만 고양이에게 밥을 주거나 아니면 식사 담당이 매일 먹을 양을 개량해서 준비해두면 가족들이 그 안에서만 급식을 하는 방식이어야 합니다.

계속 울면서 먹을 것을 달라고 보채는 고양이에게는 일관성 있게 모르는 척을 해야 합니다. 가족 중 마음 약한 누군가가 계속 받아주기 때문에 더 열심히 울고 보채는 것입니다. 고양이에게 간식을 주면서 고양이가 좋아하는 모습을 보거나 고양이가 간식을 달라며 애교를 부리고 보채는 모습을 보면 너무나 사랑스러워 간식을 주고 싶지만 고양이를 위해서 참아야 합니다. 고양이는 다 알고 있습니다. 누구에게 가서 보채면 몰래 간식을 챙겨주는지를요.

고양이의 무기력증은 많은 경우 비만과 함께 나타납니다. 먹는 것에 집착하기 시작하면 살이 쪄서 활력이 없어지고 비만으로 인한 몸의 불편함이 다시 무기력증과 짜증을 유발하게 됩니다. 사람도 약간 적게 먹어야 건강하다고 하는 것처럼 고양이도 마찬가지입니다. 조금 배고픈 듯 먹어야 훨씬 활기 차게 살 수 있습니다.

고양이와 공유하기 싫은 공간이 있다면 처음부터 확실하게 들어오지 못하게 출입을 막는 것이 좋습니다. 간혹 보호자들 중에 침실이나 옷장만큼은 고양이가 들어오지 않았으면 좋겠다고 하는 경우가 있습니다. 그렇게 정했다면 처음부터 시간에 관계없이 항상 문을 닫아야 합니다. 만약 낮에는 침실에 들어갈 수 있게 하고 밤에는 들어오지 못하게 한다면 고양이는 그 개념을 이해하지 못합니다. 침실은 이미 고양이에게 자신의 영역이기 때문입니다.

옷에 고양이털이 묻는 문제 때문에 옷장에 들어가지 못하게 하고 싶다면 처음부터 방 안쪽을 볼 수 없게 해주세요. 사실 옷장은 고양이들이 가장 좋아하는 공간입니다. 고양이는 몸이 쏙 들어가는 좁은 은신처를 좋아하기 때문에 한번 옷 사이에 숨는 재미를 알게 되면 가장 좋아하는 장소가 됩니다. 옷장을 출입금지 공간으로 정했다면 다른 곳에 은신처를 여러 군데 만들어주는 것이 좋습니다.

마지막으로 가장 중요한 것은 가족 모두가 동일한 규칙으로 고양이를 대해야 한다는 것입니다. 같은 상황에서 가족이 제각각 다른 반응을 보인다면 고양이는 혼란스러울 수밖에 없습니다. 고양이에게 허용되는 것과 허용되지 않는 것을 가족 모두가 동일하게 지켜야 합니다.

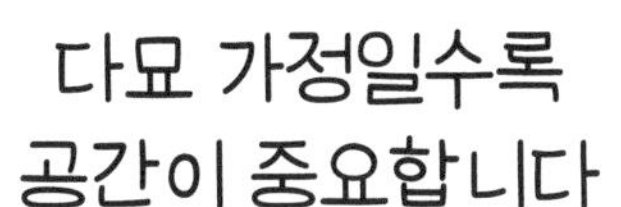

다묘 가정일수록 공간이 중요합니다

고양이는 참 요물입니다. 기분이 좋을 때는 보호자 옆에 딱 붙어 애교를 부리지만 금방 귀찮아졌다는 듯 자기만의 공간으로 가서 혼자만의 시간을 가집니다. 고양이와 사람과의 관계처럼 고양이들끼리의 관계도 비슷합니다. 사이가 좋아서 서로 그루밍도 해주고 잠도 꼭 붙어서 자는 고양이들도 각자 조용히 쉴 수 있는 공간이 필요합니다. 고양이는 자신만의 독립적인 공간과 시간을 즐기는 동물입니다. 다묘 가정에서 잊지 말아야 할 고양이의 습성입니다.

다묘 가정의 보호자가 가장 많이 하는 실수가 고양이들 사료그릇을 한곳에 모아두는 것입니다. 사료그릇을 일렬로 조르르 붙여놓습니다. 심지어 자율급식을 하는 경우에는 두 마리든, 세 마리든 사료그릇 하나를 넉넉한 크기로 준비해서 모두가 같은 사료그릇을 사용하게 하기도 합니다. 화장실도 마찬가지입니다. 화장실 개수를 '고양이 수+1'로 준비해야 된다는 것만 기억하고는 두 마리면 화장실 세 개, 세 마리면 화장실 네 개를 준비합니다. 그리고 한곳에 일렬로 나란히 붙여 놓습니다.

고양이 물품 개수가 고양이 수보다 많아야 한다는 것은 단지 넉넉하게 놓아두라는 의미가 아닙니다. 다른 고양이의 눈치 보지 않고 사용하고 싶을 때 원하는 장소에서 편하게 사용하라고 여러 개를 놓아주는 것입니다. 각자의 취향과 혼자만의 시간을 존중해주기 위해서입니다.

사이가 그리 좋지 않은 고양이들끼리는 나란히 밥을 먹는 것도 스트레스입니다. 사이가 나쁜 고양이 눈치를 보느라 밥이 코로 들어가는지 입으로 들어가는지 모릅니다. 사이가 좋은 고양이들도 서로 옆에서 밥을 먹는 것은 좋지 않습니다. 실제로 나란히 함께 사료를 먹으면 경쟁적으로 먹게 되어 섭취량이 20% 가까이 증가한다는 연구 보고가 있습니다. 이는 고양이들의 비만으로 이어질 수 있습니다. 그러므로 다묘 가정에서는 고양이들끼리 서로 얼굴을 마주보지 않고 떨어져서 밥을 먹을 수 있도록 해주는 것이 중요합니다.

화장실도 마찬가지입니다. 사이가 좋은 고양이들이라면 화장실 두 개를 붙여놓아도 잘 사용합니다. 그러나 사이가 좋지 않은 고양이들도 있습니다. 화장실을 한곳에 모아두는 것은 좋지 않습니다. 2+1, 2+2로 공간을 나눠놓는 정도는 괜찮습니다. 이때도 주의사항이 있습니다. 만약 베란다와 베란다 쪽 거실에 화장실을 둔다면 모든 화장실은 거실을 지나가야만 사용할 수 있습니다. 그런 경우 사이가 좋지 않은 고양이가 통로를 막고 감시한다면 화장실을 사용할 수 없게 됩니다. 화장실은 고양이들의 공동 영역인 거실을 지나가지 않아도 되는 장소에도 마련해야 합니다.

다묘 가정에서는 캣타워가 필수입니다. 서열이 높은 고양이가 가장 높은 자리에 올라가 있는 것만으로도 불필요한 서열 다툼을 피할 수 있습니다. 캣타워를 두 개 이상 설치할 때도 다른 공간에 놓아야 합니다. 창가 자리가 가장 좋다고 해서 캣타워를 모두 베란다에 나란히 붙여 놓으면 의미가 없습니다. 서열이 높은 고양이는 자신이 원하는 캣타워를 마음껏 쓸 수 있지만 그렇지 않은 고양이를 위해 자기만의 공간에서 쉴 수 있도록 배려해주어야 합니다.

다묘 가정에서 기억해야 할 것은 고양이에게 선택권이 있어야 한다는 것입니다. 쉽게 말해 내가 물을 먹고 싶을 때 다른 고양이가 먹고 있으면 다른 곳을 선택할 수 있고, 화장실을 가고 싶을 때 길목에 사이가 안 좋은 고양이가 앉아 있으면 다른 곳의 화장실을 갈 수 있어야 한다는 뜻입니다. 고양이들의 욕구가 서로 부딪치는

순간이 생겼을 때 다른 것을 선택할 수 있는 선택권이 있다면 스트레스를 줄일 수 있고 불필요한 다툼도 막을 수 있습니다. 다묘 가정에서 고양이 물품을 여러 개 놓아주는 이유는 서로 마주치지 않고 사용할 수 있는 공간을 만들어주기 위해서입니다.

물품도 여러 형태로 마련하세요. 사료그릇, 물그릇, 스크래처 등 다양한 모양으로 구비해주세요. 고양이마다 선호도가 다르기 때문입니다. 각자 좋아하는 것을 사용할 수 있도록 최대한 고양이의 취향을 존중해주는 것이 좋습니다.

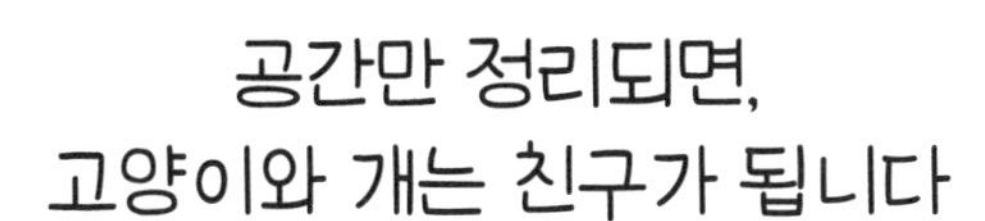

공간만 정리되면,
고양이와 개는 친구가 됩니다

고양이와 개를 보면 아무래도 개가 더 사교적으로 보입니다. 개는 처음 보는 고양이에게도 같이 놀자며 신나게 달려갑니다. 부산스럽게 주위를 돌며 킁킁거리고 냄새를 맡고 친하게 지내자며 열심히 아는 척을 합니다. 컹컹 짖기도 하면서 아주 적극적으로 고양이에게 대시를 합니다. 성격이 좋은 개일수록 더욱 적극적으로 달려듭니다.

문제는 개의 언어와 고양이의 언어가 다르다는 데 있습니다. 다른 정도가 아니라 정반대라고 할 수 있습니다. 개의 인사법은 고양이에게 위협과 공격을 의미합니다. 그래서 무조건 도망치거나 사납게 비명을 지르고 하악질을 합니다. 낯선 개의 무자비한 공격으로부터 자신을 지켜야 하니까요. 여기서부터 고양이와 개의 비극이 시작됩니다.

고양이와 개를 꼭 함께 키우고 싶다면 낯선 것에 거부감이 없는 사회화 시기, 즉 생후 12주 정도의 새끼 고양이를 입양하는 것이 좋습니다. 그 시기의 고양이라면 어떤 동물과도 함께 생활할 수 있습니다. 더 좋은 것은 비슷한 연령대의 강아지를 함께 입양하는 것입니다. 그러면 서로 형제로 인식해 커서도 사이좋은 친구로 지낼 수 있습니다.

그러나 성묘와 성견을 합사시키면서 마치 어렸을 때부터 함께 자란 사이처럼 서로 몸을 맞대고 낮잠을 자는 장면을 기대해서는 안 됩니다. 서로에게 관심을 두지 않고 조용히 살아간다면,

그것만으로도 충분히 만족스럽습니다. 그리고 그것은 고양이와 개의 공간을 어떻게 구분지어 사용할 수 있게 하느냐에 달려 있습니다.

“강아지 한 마리가 있는 본가에 고양이 두 마리와 함께 들어가서 살게 되었어요. 어렸을 때부터 본가에 가끔 데려가서 서로 경계는 안 하는데 그래도 걱정이에요. 고양이들이 본가에 가면 제 방 밖으로 절대 나오지 않거든요. 서로 적응될 때까지 제 방에서만 생활하게 해도 좋을지 아니면 처음부터 거실이나 베란다도 함께 사용할 수 있게 하는 게 나을지 모르겠어요.”

보호자의 걱정과 달리 고양이와 개의 합사는 고양이와 고양이의 합사보다 훨씬 수월하게 진행될 수도 있습니다. 서로 영역이 겹치지 않기 때문입니다. 사실 고양이에게는 개보다 이사가 훨씬 더 큰 스트레스입니다. 자신의 영역을 떠나 완전히 낯선 곳에 발을 들여놓는 것이니까요. 방에서 생활하며 어느 정도 익숙해지면 조금씩 영역을 확장할 수 있도록 도와주는 것이 좋습니다.

개가 고양이를 괴롭힐 수 없도록 고양이에게 개를 피해 쉴 수 있는 공간을 만들어주는 것이 중요합니다. 고양이는 높은 곳에 올라갈 수 있고 좁은 틈으로도 드나들 수 있지만 개는 그렇게 할 수 없으니까요. 오히려 고양이가 개를 귀찮게 굴기로 마음먹으면 개는 피할 도리가 없습니다. 그래서 노령견에게 가장 골치 아픈 상대가 새끼 고양이입니다. 새끼 고양이가 넘치는 에너지를 주체하지 못해 자꾸 놀자고 쫓아다니면 노령견은 감당하지 못합니다. 이런 경우에는 보호자가 새끼 고양이와 오랜 시간 놀아줘서 에너지를 소모시켜야 합니다. 그래야 노령견이 스트레스를 받지 않고 살 수 있습니다.

합사 후 고양이와 개가 계속 다툰다면 집 안의 환경을 확인해 보세요.

"수직 공간이 마련되어 있습니까?"

"고양이 화장실 근처에 개가 어슬렁거리진 않습니까?"

"고양이 사료그릇과 개 사료그릇이 나란히 놓여 있습니까?"

개가 올라갈 수 없는 수직 공간의 확보는 기본입니다. 가장 중요한 것은 화장실입니다. 고양이가 볼일을 보고 있는데 갑자기 개가 들이닥친다고 생각해보세요. 반드시 개가 들어올 수 없는 공간에 화장실을 마련해야 합니다. 어렵지 않습니다. 방에 화장실을 두고 방문에 유아용 안전문을 설치하면 됩니다. 대형견이라면 고양이가 아래로 드나들 수 있게 아래쪽에 공간을 두고 설치합니다. 소형견이라면 고양이가 안전문 위로 넘어갈 수 있게 앞에 스툴이나 박스를 놓아둡니다.

거실 같은 공용 공간도 고양이와 개의 공간을 나눌 수 있습니다. 캣타워와 가구 등을 이용해 개가 올라갈 수 없는 고양이만의 수직 공간을 꾸미면 됩니다. 사료그릇과 물그릇도 수직 공간에 놓아두면 개와 경쟁하지 않아도 되기 때문에 고양이와 개의 충돌을 예방할 수 있습니다.

PART 3

잘 안다고 생각하지만 잘 모르는 것들

개의 문제행동을 개선하는 대표적인 방법이
산책이라면 고양이에게는 사냥놀이가 그렇습니다.
즉, 사냥 본능이 해소되지 못하면 문제행동으로
발전할 수 있다는 뜻입니다.

얼마나 많은 시간을 고양이와 보내나요?

고양이의 깔끔함과 독립성은 감동적입니다. 고양이는 뭐든 혼자서 잘합니다. 가르쳐주지 않아도 화장실을 찾아 대소변을 가리고, 먹는 양을 조절해주지 않아도 대부분 알아서 자기 양만큼 먹습니다. 스스로 그루밍을 하기 때문에 목욕을 시키지 않아도 냄새가 나지 않습니다. 필요한 것들만 제공해주면 혼자서도 잘 지냅니다. 보호자가 급한 일이 있을 때 하루이틀 정도는 혼자 둬도 큰 문제가 없을 정도입니다.

이것이 혼자 사는 사람들이 반려동물로 고양이를 선택하는 이유 중 하나입니다. 하지만 그렇기 때문에 놓치는 것이 있습니다. 고양이는 빈집에 혼자 오래 두어도 큰 문제가 없다고 생각합니다. 개와 비교하면 문제가 덜한 편이기는 하지만 아무 문제가 없는 것은 아닙니다. 보호자와 함께 보내는 시간이 부족하면 고양이도 우울증이나 분리불안, 심하면 강박증 증세를 보일 수 있습니다.

혼자 있는 시간이 길어지자 피부에 상처가 날 정도로 심하게 그루밍을 하는 고양이, 스트레스성으로 방광염이 심해지는 고양이, 식욕부진이 시작되는 고양이들을 보게 됩니다. 이런 경우 매일 규칙적인 사냥놀이를 해주는 것만으로도 상태가 많이 좋아집니다.

같은 공간에서 함께 살아가는 고양이에게 하루 중 얼마나 많은 시간을 할애하고 있습니까? 같은 공간에 있지만 서로 각자 다른 일을 하는 시간이 아니라, 둘이서 무언가를 함께하는 시간 말입니다.

개의 문제행동 해결책으로 가장 많이 언급되는 것이 산책입니다. 개에게 산책이 있듯이 고양이에게는 사냥놀이가 있습니다. 고양이에게 사냥놀이는 단순히 남는 시간을 보내는 여가 활동이 아니라 생존에 필요한 필수 활동입니다. 하루 중 최소 30분은 고양이와 사냥놀이를 해야 합니다.

도저히 30분씩 놀아줄 시간이 없다면 다른 방법이라도 써야 합니다. 고양이 혼자서 놀 수 있도록 먹이퍼즐을 준비하거나 종이컵에 사료를 한두 알씩 넣어서 집 안 곳곳에 숨겨두는 방법이 있습니다. 고양이가 사냥을 하듯 집 안을 돌아다니며 먹이를 찾아 먹을 수 있어서 야생성을 해소하며 무료한 시간을 보내기에 좋습니다.

장모종이라면 매일 10분씩 빗질도 필요합니다. 고양이가 빗질을 싫어해서, 빗질해줄 시간이 없어서, 스스로 그루밍을 하니까 굳이 해줄 필요가 없는 것 같아서 등 빗질을 하지 못하는 이유는 많지만 결국 모두 핑계에 불과합니다. 집고양이에게 빗질은 필수입니다. 과도한 헤어볼 구토와 털이 뭉쳐서 생기는 피부 질환은 빗질을 소홀히 해서 생길 수 있는 증상입니다. 단모종은 '이틀에 한 번', 장모종은 '매일'이라는 기본적인 빗질 가이드가 있지만 이런 것은 고양이의 건강을 해치지 않기 위한 최소한의 권고사항입니다.

하루에 몇 번을 쓰다듬어줘야 고양이가 좋아할까요? 어렸을 때부터 자주 쓰다듬어주었다면 커서도 그렇게 해주세요. 고양이가 아주 좋아합니다. 보호자와 애정을 나눌 수 있는 시간이니까요. 빗질도 고양이와 교감하는 시간입니다. 자꾸 만져주고, 쓰다듬어주고, 빗질을 해주세요.

보호자와 함께하는 시간이 적은 고양이들은 절대 행복할 수 없습니다. 마지막으로 다시 한 번 묻고 싶습니다.

"고양이에게 매일 한 시간 이상 온전히 시간을 내어주고 있습니까?"

궁금하다옹

Q. 헤어볼을 너무 많이 토하는 것 같습니다. 어디가 아픈 걸까요?

고양이는 그루밍을 하면서 털을 먹기 때문에 간혹 헤어볼을 토하는 것은 정상입니다. 그러나 너무 자주 헤어볼을 토한다면 빗질을 얼마나 자주 해주고 있는지 점검해보아야 합니다. 빗질만 잘해줘도 많이 좋아집니다. 캣그라스를 먹게 해도 도움이 됩니다. 캣그라스가 소화가 되지 않은 털을 배출시켜주니까요. 그래도 심하다면 병원에 가서 검사를 받아보세요. 병원에서 헤어볼 보조제나 전용사료를 처방받을 수 있습니다. 또는 전혀 예상치 못한 내과적 원인이 발견되어 치료가 필요할 수도 있습니다.

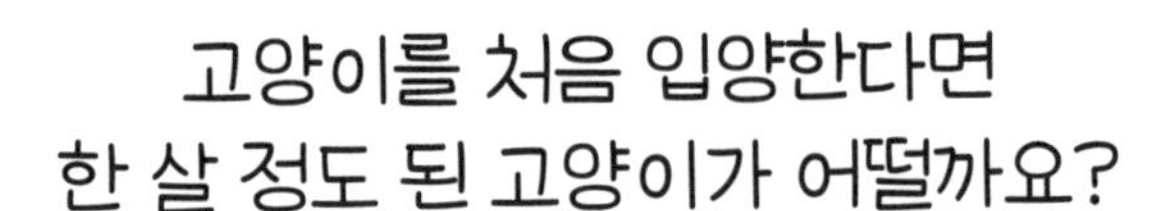

고양이를 처음 입양한다면 한 살 정도 된 고양이가 어떨까요?

고양이 입양을 생각하면 아무래도 새끼 고양이를 떠올리게 됩니다. 새끼 고양이의 천방지축 발랄함은 보는 사람의 혼을 홀딱 빼놓을 만큼 귀여우니까요. 가장 예쁜 시기를 함께 보내고 싶은 것은 당연합니다. 하지만 처음 고양이를 입양하는 사람이라면 새끼 고양이보다는 한 살 정도의 성묘를 권하고 싶습니다.

고양이의 성격은 사람만큼 다양합니다. 기질적으로 타고나는 면이 많습니다. 사람을 좋아해서 무릎 위에 잘 앉는 무릎냥도 있고, 소심하고 겁이 많아서 낯선 사람만 오면 숨는 쫄보냥도 있습니다. 사람에게 잘 다가오는 개냥이도 있고, 이름을 불러도 본체만체하는 시크냥도 있습니다. 그런데 새끼일 때는 도무지 성격 판단이 안 됩니다. 다 똑같이 천방지축이니까요. 그리고 성묘가 되는 과정 중에 성격이 바뀌는 고양이도 더러 있습니다.

초보 보호자라서 고양이와 잘 지낼 수 있을지 걱정이 앞선다면 성격 검증이 완전히 끝난 1년령 성묘가 어떨까요? 활발한지, 겁이 많은지, 사교성은 있는지, 시크한지, 애교가 많은지 등 성격적인 정보가 확실합니다. 이런 성격이나 기질의 고양이였으면 좋겠다 하는 바람이 있다면 더욱 성묘를 입양하는 것이 좋습니다.

그럼 다 큰 고양이를 어디서 만날 수 있을까요? 유기묘 센터나 보호소에 가면 딱 마음에 드는 고양이가 여러분을 기다리고 있을 확률이 높습니다. 성장기 막바지나 성장기가 막 끝난 1년

령 근처의 고양이들이 구조되어 입양을 기다리고 있습니다. 고양이의 특성에 대해서도 정확한 정보를 얻을 수 있습니다. 성묘가 되어서도 구조가 되었다는 것은 사람에게 꽤 친화적일 수 있다는 증거입니다. 예외는 있지만, 대부분은 사람의 손길을 피하지 않았으니까 구조가 된 것이지요. 애교 많은 고양이가 로망이라면 의외로 구조된 고양이들 중에서 쉽게 만날 수 있습니다.

무엇보다 성격 좋은 성묘를 입양하면 초보 보호자도 훨씬 쉽게 '집사 생활'을 시작할 수 있습니다. 성묘는 어느 정도는 혼자 두어도 안심이 되지만 새끼 고양이는 보호자와 함께 지내는 시간이 많이 필요합니다. 특히 생후 6개월까지는 흔히 말하는 '사람 손'을 많이 타야 하는 시기입니다. 그런데 새끼 고양이를 입양해놓고 집에 늦게 들어와서 잠깐씩 놀아주고 아침 일찍 집에서 나가는 생활을 한다면 고양이는 커서도 낯선 사람에게 겁을 먹고 심할 경우 공격성을 보이게 됩니다. 혼자 있는 시간이 지루해 가구를 물어뜯거나 스크래칭하는 문제행동을 보일 가능성도 높습니다. 혼자 살고 있고 집에 있는 시간이 많지 않지만 그래도 새끼 고양이를 입양하고 싶다면 두 마리를 함께 입양하는 방법이 있습니다. 같이 놀면서 에너지를 소비할 수 있고 서로에게 배우며 자랄 수 있으니까요.

새끼 고양이를 입양한다면 엄마와 형제 고양이들과 지내는 모습을 보고 결정하는 것이 좋습니다. 특히 생후 4~7주는 집중 사회화 시기이므로, 이때 엄마 고양이와 형제 고양이들에게 좋은 습성을 배우는 것이 중요합니다. 엄마 고양이 성격도 보고 새끼 고양이도 만져보면서 사람 손길을 피하지 않고 공격성을 보이지 않는지 살펴보세요.

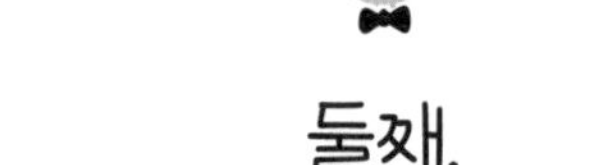

둘째,
들이기 전 먼저 고민해보세요

고양이가 언제인가부터 이제 자기도 늙었다고 보호자가 와도 뚱한 얼굴로 한번 슥 쳐다보고 자기 할 일만 합니다. 같이 놀고 싶어서 낚싯대를 흔들어도 시큰둥한 반응을 보입니다. 10년을 살았다고 이제 인생이 무료해진 건지 걱정이 됩니다. 천방지축 방정맞게 날뛰던 새끼 고양이 시절의 모습이 그립습니다. 그때는 참 귀여웠으니까요.

이럴 때 보호자는 둘째 생각이 간절해집니다. 한 마리나 두 마리나 키우는 것은 별다를 것 같지 않습니다. 귀여운 새끼 고양이의 '깨발랄'도 그립고 시큰둥해진 첫째의 놀이동무도 만들어주면 참 괜찮을 것 같습니다. 그렇지 않아도 요즘 눈에 밟히는 새끼 고양이가 있습니다. 자주 들여다보는 커뮤니티에서 본 구조된 고양이입니다. 생후 4개월 정도라는데 너무 예쁘고 귀여운 삼색이입니다.

어떨까요? 이 조합 괜찮을까요? 저는 반대입니다. 나이 차가 너무 많이 납니다. 고양이 나이 열 살이면 사람 나이로 환갑쯤이고, 생후 4개월이면 사람 나이로 초등학생 시기입니다. 나이 환갑에 하루 종일 초등학생을 돌본다고 생각해보세요. 웬만한 체력이 아니면 매일 밤 녹초가 됩니다. 고양이도 마찬가지입니다. 열 살 된 노령 고양이가 4개월된 새끼 고양이와 놀아줘야 한다고 생각해보세요. 새끼 고양이의 에너지를 감당할 수 없습니다. 보호자가 새끼 고양이의 에너지를 충분히 소모시켜줄 수 있다면 나이 차가 나는 둘째를 입양해도 좋습니다. 그러나 '둘이 알아서 잘 놀겠지'라는 생각으로 입양을 결정한다면 첫째에게 큰 스트레스가 됩니다. 실제로 같은 상황의 나이 많은 첫째가 식음을 전폐하고 식욕촉진제에도 반응이 없어서 식도튜브를 장착하고 유동식을 먹여 고비를 넘긴 적도 있습니다.

그럼 가장 좋은 나이 차이는 어느 정도일까요? 첫째가 한 살이 되기 전에 새끼 고양이를 둘째로 들이는 경우가 가장 이상적입니다. 에너지 레벨이 비슷해서 서로의 에너지를 효과적으로 소모해주기 때문에 둘 다에게 좋습니다. 첫째가 청·장년기인 다섯 살을 넘기지 않았다면 사회화 시기의 어린 고양이를 둘째로 들이는 것도 큰 무리는 없습니다.

"너무 예민하고 소심한 외동 고양이인데 혼자 있는 시간이 많아서 둘째를 들일까 합니다."

이런 고민을 하는 보호자들도 많습니다. 개는 야생에서 무리 생활을 하지만 보통 고양이는 단독 생활을 합니다. 특히 소심하고 예민한 고양이라면 혼자 있는 것을 좋아합니다. 둘째를 들이면 지금보다 상태가 더 나빠질 가능성이 있습니다. 에너지 레벨이 높은 천방지축 둘째가 조용하고 평화로웠던 자신의 영역 안을 휘젓고 돌아다닌다고 생각해보세요. 이보다 더 큰 스트레스는 없습니다.

나이 차이만큼 고양이끼리의 성격 궁합도 중요합니다. 같은 영역을 공유하고 있는 다른 고양이가 너무 호전적이고 에너지가 넘치면 소심한 고양이는 위축될 수밖에 없습니다. 마음껏 돌아다니지도 못하고 화장실 가는 것도 눈치를 봅니다. 그러면서 배변 실수를 비롯해 작은 실수들이 시작됩니다. 심해지면 강박적으로 그루밍을 하거나 물어뜯기도 합니다. 만약 이미 이렇게 에너지 차이가 심한 고양이들을 함께 키우고 있다면 보호자가 에너지가 넘치는 고양이와 충분히 사냥놀이를 해서 에너지를 소모시켜줘야 합니다.

보호자의 로망을 위해서 굳이 위험률이 높은 합사를 시도하는 것은 좋지 않습니다. 함께 사는 고양이끼리 에너지 레벨이 맞지 않으면 같이 사는 고양이 모두에게 스트레스가 되니까요. 특히 성묘를 둘째로 들일 때는 매우 신중하게 접근해야 합니다.

길고양이 출신인 테리는 워낙 수더분하고 성격이 좋았습니다. 다른 고양이들과도 잘 지내고 사람의 손도 거부하지 않았습니다. 반면 집에 있던 밍키는 수줍음이 많고 소심한 성격이었습니다. 밍키는 처음부터 테리에게 적대감을 표시했습니다. 테리가 근처에만 와도 하악질을 하고 방어적으로 행동했습니다. 처음에는 밍키가 적대감을 표시해도 테리는 무신경하게 대했습니다. 하지만 시간이 흐르자 전세가 역전되었습니다. 테리가 밍키를 공격하기 시작한 것입니다. 테리는 밍키가 시야에 들어오면 눈을 부릅뜨고 감시했습니다. 그러다 갑자기 달려들어 무차별적인 공격을 퍼부었습니다.

고양이 성격은 사람이 보는 것과 정반대입니다. 다른 고양이에게 쉽게 다가가는 고양이는 사실 사교적이고 친절한 고양이가 아니라 자신감이 있는 호전적인 성향의 고양이입니다. 쉽게 말해 무서울 것이 없으니 낯선 고양이에게도 쉽게 다가갈 수 있는 것입니다. 반면 소심한 고양이는 낯선 고양이가 다가오면 자신을 공격하는 것으로 받아들입니다. 그래서 자신을 지키기 위해 하악질을 하고 방어적인 공격을 계속합니다. 그러다 호전적인 고양이가 참을 수 있는 수준을 넘어서면 소심한 고양이를 영역에서 쫓아내기 위해 본격적으로 공격을 시작합니다.

그래서 이 집은 어떻게 되었을까요? 테리를 다른 집으로 입양 보내는 것으로 결론을 내렸습니다. 밍키보다는 테리가 낯선 환경에 더 잘 적응할 수 있는 성격이었으니까요.

갖은 방법을 동원해도 결국 합사에 실패하는 경우가 있습니다. 특히 성묘는 기본적으로 자기 영역에 대한 개념이 확실합니다. 첫째 고양이와 영역 다툼이 생겼을 때 보호자가 조심하고 노력하면 대부분 잘 해결될 수 있지만 그렇지 않은 경우 파양이라는 극단적인 상황에 이를 수도 있습니다. 합사가 잘 안 될 경우, 상황을 개선시키기 위해 정신과약물을 복용할 수 있다는 점도 생각해야 합니다. 무조건 잘 될 거라는 마음으로 입양을 결정하면 안 됩니다.

궁금하다옹

Q. 둘째를 들일 때 건강 검진은 언제 받아야 하나요?

집으로 데려오기 전에 반드시 건강 검진을 받아야 합니다. 겉으로는 건강해보여도 전염병은 잠복기가 있고 귀진드기 같은 외부 기생충은 모르고 지나치기 쉽습니다. 집에 있는 고양이의 종합백신 예방접종 시기가 넘지 않았는지, 매달 구충은 잘하고 있는지도 확인해야 하고, 만약 시기가 지났다면 새로운 고양이를 입양하기 전, 적어도 2주 전에는 접종과 구충을 마무리해야 합니다.

생후 3개월까지,
가장 중요한 조기교육 시기

애교도 많고 싫은 것도 잘 참는 고양이도 있지만 어떤 고양이는 자신의 몸에 사람이 손을 대는 것을 싫어합니다. 뺨 옆이나 턱밑, 엉덩이처럼 자기가 좋아하는 부위만 만지도록 허락합니다. 그것도 잠시뿐입니다. 금방 심기가 불편해져 '쌩' 하고 도망을 칩니다. 불편한 내색을 해도 놔주지 않으면 콱 물어버리기도 합니다.

안기는 것을 좋아하는 고양이도 있지만 싫어하는 고양이도 있습니다. 하지만 고양이를 건강하게 돌보기 위해서는 기본 관리는 반드시 해야 합니다. 발톱 깎기나 양치질, 귀 청소, 빗질, 약 먹이기 등은 고양이를 안고 만져야만 할 수 있습니다. 이런 기본적인 관리까지 거부하면 정말 곤란합니다. 건강에도 문제가 발생할 수 있기 때문이지요.

조기교육은 특별한 재주를 가르치는 게 아닙니다. 사람의 손길을 거부하지 않고, 좋아할 수 있도록 가르치는 게 가장 큰 목적입니다. 사실 가르친다는 말은 적합하지 않습니다. 고양이에게 있어 조기교육은 사람이 안고 만지는 것에 익숙해지도록 어렸을 때부터 사람의 손길에 자주 노출시키는 것을 뜻합니다.

발톱 깎기나 양치질, 귀 청소, 빗질 등은 정기적으로 해야 되지만 이런 것을 처음부터 좋아하는 고양이는 없습니다. 억지로 하고 나면 보호자에게도 여기저기 발톱 자국 등의 상처가 남습니다. 조기교육은 일상적으로 꼭 해야 하는 이런 일들을 고양이가 스트레스받지 않고 잘하기 위해 필요합니다. 싫어해도 평생 해야 할 일들 말입니다.

가장 좋은 것은 생후 3개월 이전 사회화 시기에 조기교육을 시작하는 것입니다. 그나마 생후 6개월까지는 조기교육이 효과를 발휘할 수 있습니다. 새끼 고양이는 기본적으로 낯선 자극에 거부감이 없어서 뭐든지 잘 받아들입니다. 아직 새끼라서 두 손으로 다정하게 품에 안고 부드럽게 쓰다듬어주면 보살핌을 받고 있다는 느낌을 받아서 편안해합니다. 새끼 고양이를 데려왔다면 최대한 일찍 안고 쓰다듬어주세요. 그리고 그럴 때마다 맛있는 습식 사료를 조금씩 주면 교육 효과는 더욱 좋아집니다.

쓰다듬는 것에도 요령이 있습니다. 우선 무릎 위에 올려놓고 쓰다듬으면서 한 번씩 발을 잡고 살짝 눌러서 발톱을 노출시켜 봅니다. 그리고 발톱 끝을 건드려보세요. 오늘은 발톱을 만져보고 다음 날은 귀를 살짝 건드려보고 그러면서 귓속에 손가락도 살짝 넣어보세요. 그다음 날은 입가를 따라 쓰다듬으면서 입도 벌려보고 손가락을 입술 안쪽으로 넣어 잇몸도 만져봅니다. 이런 식으로 품에 안고 다정하게 말을 걸면서 여기도 만져보고 저기도 만져보세요. 이런 과정을 통해 사람의 손길에 익숙해지도록 합니다. 고양이마다 성향이 다르기 때문에 어렸을 때라도 싫어하는 고양이들이 있습니다. 이런 경우 만진 다음 반복적인 먹이 보상을 하면 거부감을 줄일 수 있습니다. 손길이 나쁜 경험이 아니라는 인식을 심어줍니다.

약 먹이는 도구도 어렸을 때부터 사용하면 좋습니다. 첫 예방접종을 위해 병원에 갔을 때 약 먹이는 필러나 필건을 하나 구입하세요. 그리고 간식을 줄 때 이 도구로 간식을 줍니다. 어려서부터 즐거운 기억과 연결해서 약 먹이는 도구를 사용하면 나중에 약 먹일 때의 고충이 줄어듭니다.

고양이에게 가장 중요한 사회화 시기는 생후 3개월까지

입니다. 이때 엄마 고양이가 사람들과 호의적이고 유대감 있게 지내면 그 모습을 지켜보면서 새끼 고양이도 그대로 배우게 됩니다. 사람들의 부드러운 손길을 좋아하고 사람들과 노는 것을 즐거워합니다. 뿐만이 아닙니다. 형제 고양이들과의 생활을 통해 다른 고양이들과 잘 지내는 법도 익힐 수 있습니다.

일반적으로 펫숍에서 분양되는 고양이는 6~8주령인 경우가 많습니다. 그 시기 고양이들이 가장 인기가 많기 때문에 빠른 분양을 위해 이른 시기에 펫숍에 오게 되는 것이지요. 이런 새끼 고양이들은 엄마 고양이, 그리고 형제 고양이들과 너무 일찍 떨어져 쇼케이스에서 대부분의 시간을 보내므로 원만한 사회화 과정을 경험할 수 없습니다. 게다가 요즘 같은 시대에는 분양 후 낯선 사람이 집에 찾아올 일도 많지 않습니다. 천성적인 성향이 대범하더라도 이런 환경에서 사회화 시기를 보내면 낯선 손님의 방문에도 식음을 전폐하고 하루 종일 숨어 지내는 소심한 고양이가 될 가능성이 높습니다. 이런 부분을 충분히 고려한다면 쇼케이스 안에 있는 새끼 고양이가 귀엽다며 충동적으로 데려오는 실수를 피할 수 있을 것입니다.

왜 고양이는 병원을 끔찍이도 싫어할까요?

병원에 가는 것을 좋아하는 고양이는 없습니다. 병원은 스트레스 그 자체입니다. 그렇다고 병원에 안 데려갈 수는 없습니다. 보호자가 고양이를 위해 해줄 수 있는 최선은 보호자가 의사가 되어 홈케어를 해주는 것이 아니라 병원에 가는 스트레스를 조금이라도 줄여주는 것입니다. 그럼 고양이는 왜 그렇게 병원을 싫어하는지부터 살펴볼까요?

우선 이동장에 들어가는 것부터 공포입니다. 대부분의 고양이들은 보호자가 이동장만 꺼내와도 기겁을 하고 도망을 갑니다. 병원에 간다는 것을 알기 때문입니다. 도망을 다니다 결국 붙잡혀 이동장에 끌려들어갑니다. 병원으로 가면서 낯선 차 소리와 풍경에 잔뜩 겁을 먹습니다. 병원에 도착하니 더 큰일입니다. 사방에서 개 짖는 소리가 들리고 온갖 동물들의 이상한 냄새가 풍깁니다. 영역 동물인 고양이가 자신의 영역에서 완전히 벗어나 알 수 없는 낯선 공간에 떨어진 순간입니다. 이쯤 되면 고양이는 제정신이 아닙니다. 극도의 불안감과 공포로 미치기 일보 직전에 이릅니다. 그런데 보호자는 얌전히 있으라며 혼을 내고 소리를 지릅니다. 심지어 갑자기 낯선 사람이 자신을 억지로 붙잡고 여기저기 눌러보고 주사를 놓고 입 속에 약을 밀어넣고 팔다리를 잡아 늘립니다. 그렇게 고양이는 지옥을 경험하게 됩니다.

이런 경험을 한 번이라도 하게 되면 고양이는 병원에 가는 낌새만 보여도 패닉 상태에 빠지게 됩니다. 그러므로 처음에 제대로 시작해야 합니다. 병원 트라우마가 생긴 이후에 재교육을 하는 것은 시간도 오래 걸리고 노력도 많이 필요합니다. 병원에 첫 예방접종을 하러 가기 전에 조기 교육을 시작하는 것이 가장 좋습니다. 이미 병원 트라우마가 생겼다 하더라도 다음 과정을 통해 재교육을 해보세요.

보통 이동장은 병원에 갈 때만 사용하고 평상시에는 다용도실이나 수납장 안에 넣어두는 경우가 많습니다. 하지만 평상시에도 고양이가 사용할 수 있도록 고양이가 주로 이용하는 공간에 놔두고 이동장 안에서 간식이나 사료를 먹게 하는 것이 좋습니다. 이동장 안에 혼자 놀 수 있는 장난감을 놓아두어 고양이가 이동장을 편하게 이용할 수 있게 해줍니다. 그렇게 이동장 안에 들어가는 걸 편하게 생각하게 되면 이동장에 넣어 바깥 산책을 시작합니다. 일주일에 한두 번 바깥 산책을 하고 다녀와서 간식을 줍니다. 병원에 차를 타고 가야 한다면 이동장에 넣어 차에 태운 후 시동을 걸고 잠시 있습니다. 차 소리에 익숙해지면 조금씩 차로 이동을 해봅니다. 그렇게 짧은 드라이브를 마치고 나면 차에서 바로 간식 보상을 줍니다.

이동장은 위아래 분리형이 좋습니다. 뚜껑이 분리되면 병원에서 진료를 볼 때 고양이를 이동장에서 완전히 꺼내지 않고 청진이나 촉진, 주사 처치를 해줄 수 있어서 고양이가 덜 불안해합니다. 이동장의 바닥 넓이도 고려 사항입니다. 고양이는 긴장을 하면 일명 '식빵 굽기' 자세를 취할 때가 많습니다. 이동장에서 식빵 굽기 자세가 가능할 정도로 바닥 넓이가 충분해야 합니다. 고양이는 외부의 자극에 예민하므로 고양이가 좋아하는 담요로 가림막을 만들어주면 좋습니다. 마지막으로 차로 이동해야 한다면 가급적 안전벨트로 고정이 가능한 이동장을 선택합니다.

간혹 병원에 올 때 고양이 두 마리를 하나의 이동장에 넣어 오는 경우가 있습니다. 다른 고양이와 함께 있어야 안정을 찾는 고양이들이 가끔 있긴 합니다. 하지만 특별한 경우가 아니라면 각각 따로 이동장을 사용해야 합니다. 병원에 올 때나 치료를 받고 돌아갈 때는 고양이들이 모두 예민해진 상태라서 이동장 안에 함께 있으면 싸울 수 있습니다.

이제 가까운 고양이친화병원Cat Friendly Clinic을 찾아봅니다. 고양이친화병원은 국제고양이수의사회ISFM, International Society of Feline Medicine에서 심사를 통해 부여하는 하나의 인증서입니다. 최고등급인 골드등급 인증을 받으려면 규정에 맞는 입원장과 고양이만을 위한 대기실, 고양이가 안정을 취할 수 있는 환경과 시설, 고양이를 전문적으로 진료할 수 있는 의료진이 있어야 합니다.

그런데 강아지친화병원은 없는데 고양이친화병원은 왜 필요한 걸까요? 고양이는 다른 동물보다 낯선 환경과 자극에 스트레스를 많이 받기 때문입니다. 따라서 고양이가 낯선 병원에서 받을 수 있는 스트레스를 최대한 줄여주기 위해 고양이친화병원을 선택하는 것이 좋습니다. 고양이 친화병원의 직원들은 이동장 안에 있는 고양이를 귀엽다고 똑바로 쳐다보거나 손을 덥석 넣어 만지려고 하지 않습니다. 이런 행동들이 얼마나 고양이를 위협하고 불편하게 하는지 잘 알기 때문이지요.

저도 고양이를 진료하면서 진료실에 들어온 고양이를 바로 이동장에서 꺼내거나 만지려고 하지 않습니다. 먼저 보호자와 필요한 이야기를 통해 정보를 얻고 이 시간 동안 이동장 안의 고양이의 얼굴을 보호자를 향하도록 합니다. 진료실이라는 공간에 적응할 수 있는 시간을 주는 것이지요. 또한 절대 높은 톤으로 이야기하거나 깔깔거리며 웃지도 않습니다. 청각이 예민한 고양이가 이런 소음에 자극을 받을 걸 생각하면 상상도 못할 일이지죠. 고양이의 긴장이 조금 풀렸을 때쯤 손가락을 내밀어 저의 후각 정보를 주고 반응을 살피며 신체검사를 시작합니다. 고양이 친화적인 수의사에게 이런 태도는 기본 중의 기본이니 내원했을 때 이렇게 진료를 하는 수의사라면 걱정없이 고양이를 맡길 수 있습니다.

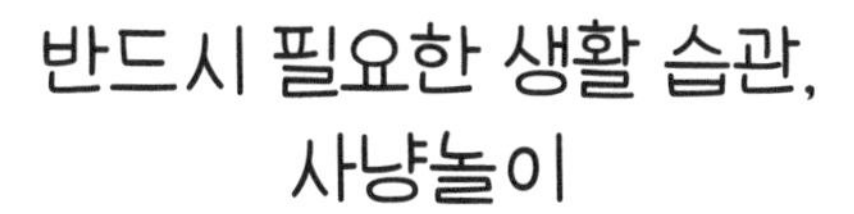

반드시 필요한 생활 습관, 사냥놀이

"우리 고양이는 저랑 사는 게 행복할까요?"

고양이 보호자들이 가장 궁금해하는 것 중 하나입니다. 이런 경우 저는 보호자에게 이렇게 질문합니다.

"고양이가 보호자와 사냥놀이 하는 것을 좋아하나요?"

열 살이 되어도 즐겁고 신나게 사냥놀이를 하는 고양이들이 있습니다. 그런 고양이들은 적지 않은 나이임에도 여전히 적당히 날씬한 체형을 유지하고 있고 그루밍도 시간이 날 때마다 열심히 합니다. 여전히 활력이 넘치고 눈은 초롱초롱하며 보호자에게 관심이 많습니다. 이런 모습은 고양이가 정신적으로 행복하다는 증거입니다.

어떤 고양이는 장난감을 물고 와서 보호자에게 먼저 놀아달라고 보채기도 합니다.

"우리 고양이 너무 똑똑하죠?"

대부분의 보호자들은 고양이가 이런 행동을 하면 애교를 부린다고 좋아합니다. 사실은 문제가 있습니다. 생각해보세요. 아이들이 평일에는 늦게 들어와 얼굴 보기 힘든 엄마, 아빠에게 주말에 놀아달라고 떼쓰고 매달리지 않나요? 이것과 똑같은 상황입니다. 고양이가 얼마나 무료하면 먼저 놀아달라고 하겠습니까? 고양이가 똑똑하다고 자랑스러워하기 전에 스스로를 돌아봐야 합니다. 30분을 놀아줬는데도 또 놀아달라고 한다면 더 놀아줘야 합니다. 그만큼 사냥 본능과 에너지가 넘치는 고양이니까요.

사냥놀이에 관심을 보이지 않는 고양이가 있다면 잘 지켜보세요. 장난감을 눈앞에서 흔들어도 누워서 두세 번 정도 발로 치거나 별 관심을 보이지 않는다면 이건 무기력증의 신호일 수 있습니다. 사냥놀이로 야생의 본능과 에너지를 적절히 해소하지 못하면 지루해지고 짜증이 늘어납니다. 예민하고 공격적인 고양이가 되거나 완전히 무기력증으로 빠질 수 있습니다.

단, 노령묘의 경우 잘 놀다가 어느 날부터 갑자기 놀지 않는다면 관절염이나 내과질환 문제일 수 있으므로 건강 검진이 필요합니다. 그러나 잘 놀지 않는 원인은 대부분 보호자에게 있습니다. 보호자가 잘 놀아주지 못해서 고양이가 사냥놀이에 흥미를 잃은 것입니다.

안타까운 것은 사냥놀이를 중요하지 않게 여기는 보호자들이 너무 많다는 점입니다. 고양이가 어렸을 때는 비교적 사냥놀이를 잘해줍니다. 한 살 이전까지는 사냥놀이를 하지 않으면 보호자가 못 견딜 정도로 고양이가 놀자고 보채니까요. 그러다 성묘가 되면 사냥놀이에 대한 관심이 비교적 줄어듭니다. 그러면서 보호자도 매일 해주던 사냥놀이를 건너뛰고 한가할 때나 문득 생각이 날 때 한 번씩 장난감을 흔들어줍니다.

그러나 고양이에게 사냥놀이는 어쩌다 가끔 해도 되는 여가가 아니라 매일 무조건 해야 하는 필수적인 생활 습관입니다. 매일 밥을 먹고 변을 보고 잠을 자는 것과 마찬가지로 본능적인 행동이란 뜻입니다. 개의 문제행동을 개선하는 대표적인 방법이 산책이라면 고양이에게는 사냥놀이가 그렇습니다. 즉, 사냥 본능이 해소되지 못하면 문제행동이 발생할 수 있습니다.

다시 한 번 강조하지만 고양이에게 사냥놀이는 선택이 아닌 필수입니다. 야생성이 강한 고양이의 본능을 충족시켜줘야만 정신적 그리고 육체적 건강이 보장됩니다. 사냥 본능이 적절히 충족되지 못하면 이로 인한 스트레스로 공격성 증가, 무기력과 비만, 다른 고양이와 다툼 등이 발생할 수 있으며 심한 경우 스트레스성 질환이 생길 수 있습니다.

사냥놀이에는 나이가 없습니다. 야생의 고양이에게 사냥은 죽을 때까지 이어져야 할 생존 습성입니다. 집고양이들이 나이가 들면서 사냥놀이에 흥미를 잃는 것은 집 안에 갇혀 살면서 야생의 습성과 본성을 잃어버렸기 때문입니다. 그야말로 먹는 것이 유일한 낙인 불쌍한 고양이가 된 것이지요. 야생성을 유지할 수 있다면 나이가 들어서도 건강하고 혈기왕성한 상태를 유지할 수 있습니다. 보호자가 실감나게 놀아줄수록 고양이는 야생성을 발휘하며 정신적 만족감을 얻을 수 있습니다. 그게 행복한 고양이의 삶입니다.

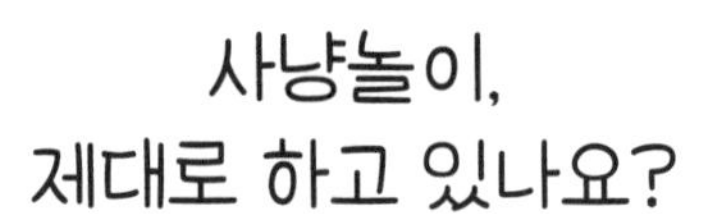

사냥놀이,
제대로 하고 있나요?

너무나 중요한 사냥놀이지만 보호자가 올바른 방법으로 하지 않으면 효과가 없습니다. 고양이가 더는 흥미를 못 느껴 문제행동을 일으킬 수 있습니다. 그럼 어떻게 해야 고양이들이 야생에서 사냥을 하듯 신나게 놀 수 있을까요?

첫째, 실감나게 놀아주세요!

제가 보호자들에게 자주하는 말이 있습니다.

"사냥놀이를 해줄 때는 장난감이 실제 사냥감들로 완벽하게 '빙의'가 되어야 합니다."

나비가 된 듯, 쥐가 된 듯, 날벌레가 된 듯…. 보일 듯, 안 보일 듯, 잡힐 듯, 안 잡힐 듯 그렇게 움직임을 만들어주세요. 엉덩이를 붙이고 앉아서 낚싯대만 흔들면 고양이는 신나게 놀 수 없습니다. 보호자가 직접 이리 뛰고 저리 뛰고, 움직일 각오를 해야 합니다. 그럼 고양이가 엉덩이를 씰룩거리며 동공을 확대한 채 주시하고 맹수처럼 사냥을 시작합니다.

둘째, 매일 3회 이상 같은 시간에 10~15분씩 놀아주세요!

사냥놀이도 야생에서 사냥을 하는 방식을 최대한 살려서 해주는 게 좋습니다. 고양이는 비슷한 시간에 비슷한 공간에서 비슷한 행동을 하는 것을 좋아합니다. 동네에서 자주 마주치는 길고양이를 떠올려보세요. 항상 비슷한 시간대에 일정한 장소 근처에서 만나게 되지 않나요? 고양이와 사냥놀이를 할 때도 고양이의 시간표에 맞춰야 합니다. 야생 고양이와 다른 점이 있다면 사냥 시간표를 보호자가 짜주면 된다는 것입니다.

시간이 날 때 몰아서 놀아주려고 하지 말고 10~15분 정도씩 매일 비슷한 시간에 나눠서 놀아줍니다. 이런 놀이법은 야생에서 사냥을 하는 방식과 비슷합니다. 출근 전에 10분, 퇴근 후에 10분, 잠자기 전에 10분, 이렇게 10분씩 세 번, 최소 30분 정도 사냥놀이를 하면 적당합니다. 출근 전에 시간이 안 난다면 퇴근 후에 바로 10분, 저녁 먹고 쉬면서 10분, 자기 전에 10분, 이렇게 놀아주세요.

"자기 전에 몰아서 30분을 한 번에 놀아주면 안 될까요?"

잊었나요? 키워드는 '실감나게'입니다. 웬만큼 체력이 좋은 사람이 아니면 사냥감에 빙의된 듯 30분 동안 실감나게 움직일 수 없습니다. 고양이의 집중력도 한계가 있습니다. 그러니 보호자와 고양이의 체력과 집중력을 고려했을 때 10~15분 정도가 가장 적당합니다.

"고양이는 혼자서도 잘 지낸다고 했는데, 이렇게까지 해야 되나요?"

이번만큼은 단호하게 말하고 싶습니다.

"이렇게까지 해야 합니다."

새끼 고양이와 뱅갈 고양이는 더 활동적이기 때문에 성묘의 두 배인 한 시간 이상 노는 시간이 필요합니다. 매일 한 시간씩 놀아줘도 에너지가 남아돌아 다른 고양이를 괴롭힌다면, 그 이상의시간을 놀아줘야 합니다. 특별히 에너지가 넘치는 활동적인 고양이이니까요.

셋째, 요일별로 다른 장난감으로 놀아주세요!

"매일 놀아주고 싶어도 고양이가 놀고 싶어 하지 않아요."

혹시 매일 똑같은 장난감으로 놀아주고 있지 않나요? 야생 고양이의 사냥 모습을 생각해보면 무엇이 잘못되었는지 쉽게 이해할 수 있습니다. 야생 고양이는 매일 일곱 번 정도 사냥에 성공하지만 매번 똑같은 사냥감을 잡지 않습니다. 쥐를 가장 좋아한다고 해도 쥐만 잡을 수는 없으니까요. 그날그날의 전리품은 다양합니다. 쥐도 잡고 작은 새도 잡고 날벌레도 잡습니다.

그런데 보호자들은 대부분 고양이가 지루해할 때까지 계속

한 가지 장난감으로만 놀아줍니다. 야생에서 사냥을 하듯 매일 다른 종류의 장난감으로 놀아주어야 고양이가 지루해하지 않고 사냥놀이를 할 수 있습니다. 월요일에 캣피싱토이로 놀아줬다면 화요일에는 카샤카샤붕붕, 수요일에는 어묵꼬치…. 요일별로 장난감을 정해서 매일 다른 종류의 장난감으로 놀아주세요. 그러려면 사냥 장난감이 최소 일곱 개는 있어야 합니다.

하지만 레이저는 추천하지 않습니다. 자리에 앉아서 레이저만 켜두거나 레이저포인터로 손목만 움직여도 고양이가 잘 놀아서 보호자들의 만족도가 높습니다. 하지만 레이저는 자극이 너무 강합니다. 쉽게 말해 너무 강력해서 다른 장난감이 시시해집니다. 자극이 강한 레이저는 그리 좋은 선택이 아닙니다. 게다가 레이저는 다른 장난감처럼 손으로 잡고 입으로 무는 사냥 성공의 마무리 단계가 없기에 오히려 급격한 흥분 후 허탈감을 줄 수 있어 일상 장난감으로는 추천하지 않습니다.

넷째, 사냥놀이가 끝난 후도 중요합니다!

사냥놀이가 끝나면 사냥 장난감을 보이지 않는 곳에 보관합니다. 보이는 곳에 아무렇게나 방치해두면 보호자가 장난감을 흔들어도 사냥 본능 자극 정도가 떨어져서 고양이의 흥미를 끌 수 없습니다. 다음은 먹이 보상입니다. 야생 고양이가 사냥을 하는 이유는 무엇일까요? 먹을 것을 얻기 위해서입니다. 집고양이에게도 사냥놀이가 끝나면 좋아하는 간식을 주고, 제한급식을 한다면 약간의 사료를 주면 좋습니다. 사냥놀이 후의 보상은 사냥 본능을 유지시키고 놀이에 대한 흥미를 잃지 않게 만드는 매우 중요한 요인입니다.

다섯째, 사냥놀이에도 기승전결을 주세요!

사냥놀이에 대한 고양이의 흥분 지수는 보호자의 '성의'에 비례합니다. 보호자가 성심성의껏 사냥감을 흔들어줄수록 고양이는 신이 나서 사냥을 합니다. 우선 적절한 강약 조절이 필요합니다. 야생에서 사냥감이 어떻게 움직이는지를 떠올려보세요. 고양이에게 장난감을 보여준 후 작은 움직임을 반복적으로 만듭니다. 그러면 고양이가 장난감에 집중하기 시작합니다. 사냥 직전 단계에 이르면 고양이는 동공을 확대하고 자세를 낮춥니다. 그렇게 엉덩이를 씰룩거리면 각성 상태에 들어간 것입니다. 그러면 사냥감을 크게 흔들어서 고양이가 사냥감을 뒤쫓게 만듭니다. 이때 사냥감이 잡혔다 놓쳤다 몇 번 아슬아슬한 상황을 연출합니다. 그리고 마지막 순간에 고양이가 앞발로 장난감을 깔아뭉개거나 입으로 물게 해서 사냥의 성취감을 느끼게 합니다. 이 과정을 서너 번 반복한 후 간식으로 보상을 하면 사냥놀이가 성공적으로 끝나게 됩니다.

다묘 가정에서 사냥놀이를 할 때 대부분 한 고양이가 잘 놀면 다른 고양이가 피해버립니다. 기본적으로 다묘 가정에서는 한 마리씩 따로 놀아주어야 합니다. 그렇지 않으면 사냥놀이에 참여하지 못하는 고양이는 영영 사냥놀이에 대한 흥미를 잃어버릴 수 있습니다.

일단 양손에 각각 사냥 장난감을 들고 동시에 두 마리와 놀

새.. 새다..!
ㅋㅋㅋ
호오..
좋은 놀이였다..

아줍니다. 두 마리 모두 사냥놀이에 참여를 하면 이 방법을 계속 해도 됩니다. 그러나 만약 한 고양이가 피한다면 공간을 분리해 따로 놀아줘야 합니다. 가족이 함께 고양이를 기르는 다묘 가정이라면 떨어진 곳에서 한 사람이 한 마리의 고양이와 짝을 지어 사냥놀이를 해줍니다.

건식 사료와 습식 사료는 적절히 혼용하세요

초보 보호자들이 인터넷에서 가장 많이 찾아보는 정보 중 하나가 사료에 대한 것이 아닐까 싶습니다. 고양이를 처음 집에 데려왔을 때는 이전에 먹던 사료를 그대로 먹이지만 새로운 환경에 적응이 끝나면 슬슬 더 좋은 사료로 바꿔볼까 하는 생각이 듭니다. 그런데 사료에 대한 자료를 찾아보면 찾아볼수록 어째 점점 더 늪에 빠지는 듯한 느낌입니다. 건식 사료, 습식 사료에 각종 간식까지…. 좋다는 것도 많고 나쁘다는 것도 많아서 어떤 것을 선택해야 할지 혼란스럽습니다. 그러나 기본 원칙만 기억한다면 사료 선택은 복잡할 게 없습니다. 중요한 것은 어떤 사료냐가 아니라 사료를 '어떻게' 급여하느냐입니다. 우선 사료 선택에 대해서 알아보겠습니다.

고양이 먹이는 크게 사료와 간식으로 나뉩니다. 각각의 사료와 간식은 다시 건식 사료와 습식 사료, 건식 간식과 습식 간식으로 나뉩니다. 가장 중요한 것은 주식인 사료입니다. 간식은 삶의 즐거움을 위함이지 살기 위함은 아닙니다.

초보 보호자들의 첫 난관은 사료 등급입니다. 오가닉, 홀리스틱, 슈퍼 프리미엄, 프리미엄, 그로서리 등 다양한 등급이 있습니다. 경제적 능력만 된다면 가장 비싸고 영양가가 높다는 것을 먹이고 싶습니다. 최소한 중간 이상 등급은 먹여야 하지 않을까 생각하나요? 하지만 오가닉이라는 용어가 원재료의 안전성을 100% 보증한다고 볼 수 없으며 홀리스틱이나 슈퍼 프리미엄이라고 해도 원재료가 저급인 경우가 있습니다.

사료 등급은 사료의 질을 나타내는 것이 아닙니다. 유기농 원료를 이용하여 만든 사료냐, 육류의 비율이 높고 부산물 등을 사용하지 않은 사료냐, 부산물이나 육골분 등도 사용한 사료냐의 차이입니다. 즉, 원재료에 따른 구분이며 영양 등급이 더 높다, 낮다를 나타내는 것은 아닙니다. 단순히 부산물이 들어갔느냐, 들어가지 않았느냐가 고급 사료와 저급 사료를 나누는 기준이 될 수는 없습니다. 양질의 부산물이 적정 비율로 들어가면 부산물이 전혀 들어가지 않은 사료보다 더 좋을 수 있습니다. 그러니 무조건 고가의 사료를 고집하거나 포장지의 마케팅 용어에 현혹되는 일은 없었으면 합니다.

그럼 어떤 사료를 선택해야 할까요? 동물병원이나 반려동물 용품 전문점에서 판매하는 대중적인 사료라면 어떤 것을 선택해도 큰 문제가 없습니다. 전문점을 통해 정식으로 유통되는 사료들은 모두 단백질과 미량 영양소들의 섭취 요구량을 채우고 있으니까요. 그중에서도 오랫동안 많은 사람들이 고양이들에게 먹여온 스테디셀러 사료라면 안전성도 검증되었다고 볼 수 있습니다.

보호자들이 가끔 묻는 질문이 있습니다.

"습식 사료가 영양적으로 더 좋지만 대부분 건식 사료를 주는 건 보호자가 게을러서라는데 정말인가요?"

습식 사료는 금방 상합니다. 먹다 남은 사료는 바로 치워야 하고 남은 사료는 냉장고에 보관했다가 줄 때 다시 데워야 합니다. 아무래도 급여를 할 때 습식 사료가 더 손이 많이 가기 때문에 그런 이야기를 할 수 있습니다. 그러나 무조건 습식 사료가 건식 사료보다 우수하다고 말할 수는 없습니다. 각각의 장단점이 다릅니다.

기본적으로 건식 사료는 습식 사료에 비해 저렴하고 냄새도 적으며 자율급식이 가능하다는 장점이 있습니다. 단, 수분 함량이 적고 g당 칼로리가 높아서 조금만 먹는 양을 늘려도 비만을 유발할 수 있다는 단점이 있습니다. 반면 습식 사료는 단백질 비율이 높고 수분이 70% 정도 함유되어 있어서 음수량을 늘리는

데 유리합니다. 그러나 치아에 치석이 좀 더 잘 생길 수 있어서 치아 관리에 신경을 써야 합니다. 가장 추천하는 방식은 기본식으로 건식 사료를 주면서 하루 한 끼 정도는 습식 사료를 주는 방법입니다.

보호자가 까다로울수록 고양이는 더 까다로워집니다

아무리 좋은 사료를 고르고 골라 급여를 해도 고양이가 먹지 않으면 할 수 없습니다. 그래서 보호자들이 이것저것 영양가를 따져보고 고르다가도 결국은 고양이가 잘 먹는 사료를 선택하게 됩니다.

문제는 기호성이 좋은 특정 사료만 먹이다 보면 다른 사료는 거부한다는 데 있습니다. 대부분 이런 경우 보호자가 어쩔 수 없이 고양이의 입맛에 맞춰주게 됩니다. 사료를 바꿀 때 조금만 식사량이 줄거나 전에 먹이던 사료에 비해 시큰둥하게 먹는 것 같으면 바로 이전의 사료로 돌아가버리는 것이죠. 하지만 이런 상황이 반복될수록 고양이의 입맛은 고착화됩니다. 나중에는 급여할 수 있는 사료는 한 가지만 남고 새로운 사료들은 완전히 거부하는 사태까지 발생할 수 있습니다. 건강상의 이유로 꼭 처방식을 먹어야 하는 상황에서도 처방식을 못 먹이는 경우가 종종 발생합니다. 보호자의 지나치게 예민한 관찰과 보호가 우리 집 고양이 건강을 해칠 수 있는 흔한 예입니다.

고양이의 사료 기호성은 한 살 이전에 결정됩니다. 가장 좋은 방법은 한 살 이전에 여러 가지 맛에 익숙해지도록 사료를 다양하게 급여하는 것입니다. 같은 제조사의 다른 사료도 먹여보고 제조사를 바꿔서도 먹여봅니다. 어렸을 때 얼마나 다양한 맛에 노출되느냐에 따라 성묘가 된 후에도 받아들일 수 있는 기호의 폭이 넓어집니다. 어렸을 때 처방식을 소량씩 먹여보는 것도 좋은 방법입니다. 영양학적으로는 아무 의미가 없지만 이런 저런 맛에 익숙해질 수 있습니다.

그럼, 편식이 심하고 입이 짧은 경우 어떻게 하면 입맛을 바꿔줄 수 있을까요? 재교육은 정말 어렵고 실패하는 경우가 많습니다. 체중의 30%가 빠질 때까지 새로운 사료를 거부하는 고양이들도 종종 있습니다. 우선 자신이 먹고 싶을 때 언제든 먹을 수 있다는 생각을 바꿔주기 위해 제한급식을 실시하는 방법이 있습니다. 사료를 주고 잘 먹지 않으면 바로 사료를 치워버립니다. 사료 냄새가 더 맛있게 날 수 있도록 전자레인지에 건사료를 5~10초 정도 돌려서 주는 방법도 있습니다. 마지막으로 병원에서 식욕촉진제를 처방받아 새로운 사료에 적응하도록 도와줄 수 있습니다.

언제나 채워져 있는 사료그릇, 자율급식에 대한 오해

고양이가 개보다 키우기 수월하다고 생각하는 이유 중 하나는 자율급식이 가능하다는 점이 아닐까 싶습니다. 집에서 나가기 전에 그릇에 사료를 넉넉히 부어놓기만 하면 됩니다. 고양이는 먹고 싶은 만큼 알아서 먹고 보호자는 끼니에 맞춰 사료를 챙겨주지 않아도 돼서 편합니다. 그런데 사료그릇에 사료를 얼마나 부어주나요? 혹시 그릇 하나에 사료를 가득 부어주고 그릇이 비면 다시 채워주고 있지 않습니까? 이런 방식은 자율급식이 아니라 무제한급식입니다. 무관심한 자율급식은 끊임없는 포만감으로 고양이의 활력을 떨어뜨리고 건강 변화를 눈치채지 못하는 원인이 될 수 있습니다.

고양이는 개와 달리 아픈 티를 내지 않기 때문에 건강 상태를 식욕으로 파악할 때가 많습니다. 그런데 이런 방식으로 자율급식을 하면 고양이가 하루에 사료를 얼마나 먹는지 정확히 알 수 없습니다. 식욕저하로 먹는 양이 줄어들어도 초기에 알아채기 힘듭니다. 게다가 사료는 잘 먹지 않아도 간식은 잘 먹는 경우가 많아서 더욱더 식욕부진을 알아채기 힘듭니다. 문제는 고양이는 식욕부진이 일주일 이상 지속될 경우 에너지 대사 과정에서 심각한 간 손상이 유발될 수 있다는 점입니다.

보호자라면 우리 고양이가 하루에 얼마만큼의 사료를 먹고 있는지 파악하고 있어야 합니다. 만약 하루 동안 먹는 평균 사료의 양을 파악했다면 매일 같은 시간에 같은 양의 사료를 계량해 그릇에 채워주는 것이 좋습니다. 사료를 채워주기 전 그릇에 남아 있는 사료 유무와 양에 따라 고양이의 식욕 변화에 대한 모니터링이 가능해집니다.

계산을 정확히 해서 급여량을 결정했다고 해도 고양이마다 정확히 들어맞는 것은 아닙니다. 똑같이 음식을 먹어도 살이 찌는 사람이 있고 살이 빠지는 사람이 있는 것과 마찬가지입니다. 그래서 체중 체크가 중요합니다. 적정 체중이 유지된다면 급여량이 적당한 것이고 살이 찌고 있다면 급여량을 조금 더 줄여야 합니다. 보통 이때는 사료량보다는 간식량을 줄이는 것이 우선입니다.

다묘 가정에서 자율급식을 할 경우에는 고양이마다 정확한 섭취량을 알 수 없기 때문에 체중 체크를 자주 해야 합니다. 고양이들 모두 체형에 문제가 없다면 월 1회 체중 체크를 하고 주의가 필요한 고양이가 있다면 2회 이상 체크를 합니다.

만약 다묘 가정에서 살을 빼야 하는 비만묘와 살을 찌워야 하는 마른 고양이가 함께 있어 개체별로 급여해야 하는 사료의 양을 다르게 해야 한다면 고양이에게 개체인식목걸이를 착용시켜 본인 급식기에 접근할 때만 뚜껑이 자동으로 열려 사료를 먹을 수 있도록 고안된 개체별급식기가 해답이 될 수 있습니다.

자율급식을 할 때 주의할 점이 한 가지 더 있습니다. 자율급식을 한다고 하면 보통 사료그릇 한 개에 하루 급여량을 몽땅 부어놓는 경우가 많습니다. 이는 고양이의 습성을 전혀 고려하지 않은 급여 방법입니다. 야생 상태에서 고양이는 이곳저곳을 돌아다니며 사냥을 합니다. 집에서도 배가 고픈 상태로 돌아다니면서 여러 곳에서 사료를 먹을 수 있어야 합니다. 이것이 자연스러운 사냥법입니다. 그날 하루 동안 먹을 사료를 몇 군데에 분산시켜 놓아주세요.

Q. 고양이가 적당한 양을 먹고 있는지 어떻게 확인할 수 있을까요?

간단합니다. 몸매를 살펴봅니다. 뚱뚱하다면 많이 먹고 있는 것이고 날씬하다면 적당히 먹고 있는 것입니다. 체중은 고양이 비만을 판단하는 기준이 아닙니다. 체격에 따라 적정 체중이 제각각이니까요. 따라서 고양이의 비만도는 체중이 아닌 체형을 보고 판단하는 것이 정확합니다.

그럼 병원에서 실제로 사용하는 비만도 계산법을 소개합니다. 허리둘레와 다리길이를 이용해서 측정할 수 있습니다. 우선 고양이의 아홉 번째 갈비뼈 둘레를 줄자로 잽니다. 몸통을 꾹꾹 눌러보면 갈비뼈가 만져지다가 뒤로 가면서 말랑말랑하게 느껴지는 부위가 있습니다. 갈비뼈가 끝나고 말랑말랑해지는 부위를 기준으로 엄지손가락 길이만큼 안쪽으로 들어옵니다. 그곳이 아홉 번째 갈비뼈 자리입니다. 그곳의 둘레를 줄자로 잽니다. 그다음 다리 길이를 잽니다. 사람으로 치면 정강이뼈(무릎과 발목 사이) 길이입니다. 이렇게 허리둘레와 다리 길이를 재서 비만도를 계산해봅니다.

· 고양이 비만도 계산법

(허리둘레cm - 다리 길이cm) × 1.5 - 9 = 체지방%

예) (허리둘레 60 - 다리 길이 10) × 1.5 - 9 = 66(체지방 66%)

· 고양이 비만도 차트

위 모습						
옆 모습						
체지방	16~25%	26~35%	36~45%	46~55%	56~65%	65% 이상
위험도	낮음(정상)	약간	중간	심각	극심	매우 극심

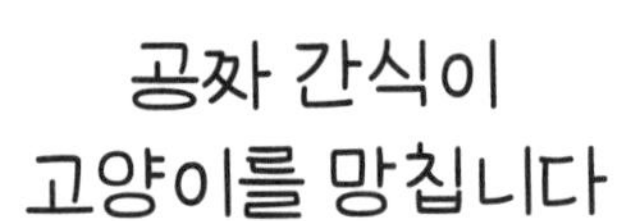

공짜 간식이 고양이를 망칩니다

야근을 하거나 모임이나 약속으로 늦게 들어온 날이면 고양이에게 괜스레 미안합니다. 하루 종일 혼자 두었다고 삐친 것 같기도 하고, 이제 왔냐며 반가워서 발라당 누워 온갖 애교를 부리기도 합니다. 이럴 때 간식을 안 줄 수 없습니다. 그래서 매일 습관적으로 스틱형 액상 간식을 들고 고양이에게 살살 짜 먹입니다. 간식을 먹으면 좋아하는 고양이가 너무나 귀엽고 사랑스럽습니다. 그런 고양이를 보는 것만으로도 하루의 피로가 풀리는 것 같습니다.

보통 보호자들은 고양이를 혼자 오래 두었을 때, 외출하고 돌아왔는데 자신을 반겨줄 때, 도도한 고양이의 애교를 보고 싶을 때…. 단지 고양이가 좋아하는 모습이 보고 싶어서 간식을 줍니다. 그러나 고양이 입장에서 생각했을 때 아무 때나, 아무 이유 없이 주는 간식은 고양이를 망치는 지름길입니다.

저는 보호자들에게 "공짜 간식은 주지 말라"고 단호하게 말합니다. 간식은 어떤 일을 했을 때 보상의 의미로 인식시켜야 합니다. 매일 사냥놀이를 한 후, 병원에 다녀왔을 때, 목욕을 했을 때, 발톱을 깎았을 때, 문제행동을 교정할 때 등 간식을 줄 타이밍은 얼마든지 있습니다.

만약 마음 약한 보호자가 습관처럼 간식을 준다면 어떻게 될까요? 재교육의 효과적인 도구를 잃는 셈입니다. 고양이 입장에서는 그저 칭얼거리기만 해도 먹을 수 있는데 굳이 하고 싶은 걸

참으면서, 혹은 하기 싫은 걸 하면서 얻어먹을 필요는 없습니다. 게다가 고양이는 영리해서 집에서 누가 가장 마음이 약한지 금방 알아챕니다. 그래서 그 사람에게 애교를 부리며 간식을 달라고 칭얼댑니다. 사실 고양이가 간식이 먹고 싶어 작정하고 애교를 부리면 거절하기 힘듭니다. 하지만 절대 간식을 주어선 안 됩니다. 사람은 고양이에게 울지 말라고 간식을 주지만 고양이는 울면 간식을 먹을 수 있다고 인지합니다. 결국 줄 때까지 끝까지 울어댑니다. 그렇게 되고 싶지 않다면 고양이의 애교 앞에 무너지면 안 됩니다.

간식은 어디까지나 간식입니다. 사료를 잘 안 먹는다고 간식으로 사료를 대신하면 안 됩니다. 맛있는 간식은 삶의 질과 연관이 있을 뿐 영양적으로는 별 이득이 없습니다. 4kg 고양이 기준으로 보통 엄지손톱 크기의 트릿이나 동결건조큐브는 하루 열 개 이내, 짜 먹는 액상간식은 네 개 이내 정도면 적당합니다. 긍정 행동에 대한 보상 급여 시 동결건조큐브를 새끼손톱 크기 정도로 쪼개서 주는 것을 추천합니다. 전문가들은 하루 필요 칼로리 섭취량의 10% 이내가 간식으로 섭취해도 되는 칼로리의 제한선이라고 이야기합니다. 그 이상은 영양 불균형을 초래할 수 있으므로 추천하지 않습니다. 그러므로 여러 종류의 간식을 함께 준다면 각각의 양은 앞의 내용보다 줄여서 줘야 합니다.

마지막으로 팁을 하나 주면, 고양이가 가장 좋아하는 최고의 간식은 마지막까지 아껴두는 게 좋습니다. 입맛이라는 것은 참으로 간사해서 맛있는 것을 먹고 나면 더 맛있는 것이 먹고 싶어집니다. 지금 간식보다 덜 맛있는 간식으로는 고양이를 유혹할 수 없습니다. 고양이마다 입맛이 다르긴 하지만 고양이들 사이에서 기호성이 높다고 알려진 간식은 최대한 아꼈다가 중요한 순간에 필살의 무기로 사용하세요. 꼭 교정해야 할 문제행동이 있을 때 요긴한 무기가 될 수 있습니다.

사람이 싫어하는 화장실이 고양이가 좋아하는 화장실

고양이를 처음 입양한 사람들은 고양이가 알아서 화장실을 가리는 모습에 가장 놀랍니다. 누가 가르쳐주지도 않았는데 새끼 때부터 어쩜 그렇게 대소변을 잘 가리는지 기특하기만 합니다. 그런데 사람의 욕심은 끝이 없습니다. 화장실에 가서 대소변을 척척 누는 것까지는 좋은데 화장실 모래가 집 안에 굴러다니는 것은 정말 싫습니다. 대소변을 본 뒤에는 모래가 튀지 않게 살살 덮었으면 좋겠고 화장실 밖으로 나올 때는 발바닥에 묻은 모래도 탁탁 털고 나왔으면 좋겠습니다. 그래서 이런 저런 모래와 다양한 화장실 형태를 생각해봅니다. 게다가 화장실도 구석으로 밀어넣을까 생각합니다. 우선 모래가 흩날리는 것을 줄일 수 있다고 하는 제품들을 찾아서 구입합니다. 과연 고양이가 여기에 대소변을 봐줄지 조마조마합니다. 역시나 착한 우리 집 고양이는 시큰둥하기는 하지만 새로운 모래에 대소변을 봅니다.

어떤가요? 보호자는 모래가 덜 날리게 되어 편리하고, 고양이도 행복한 결말인 것 같나요? 사실은 '알 수 없음'입니다. 우리 집 고양이가 배변과 배뇨 실수 없이 모래를 잘 사용하는 경우여도 현재 사용하는 모래를 반드시 좋아한다고 볼 수는 없습니다. 사람도 선택의 여지가 없다면 재래식 화장실을 사용할 수는 있습니다. 그러나 재래식 화장실에서 볼일을 본다고 그곳이 쾌적하게 느껴지는 것은 아닙니다. 옆에 수세식 화장실이 있다면 얼른 수세식 화장실로 향할 테니까요. 그러니 지금 화장실을 잘 사용한다고 해서 고양이가 이 모래 형태를 가장 좋아한다고 보기는 어렵습니다. 싫은 것도 잘 참는 무던한 성격의 고양이일 수도 있습니다.

중요한 점은 어느 날 갑자기 배변과 배뇨 실수가 시작되었을 때의 이유가 사용하는 모래에 대한 거부감과 관련이 있을 수 있다는 점입니다. 지금 사용하고 있는 모래의 재질이 마음에 들지 않아 참고 참다가 더 이상 참을 수 없게 되었을 때 배변과 배뇨 실수를 시작한 것이지요. 이럴 경우 다양한 형태의 모래를 준비한 후 어떤 모래에 대소변을 보는지 확인하여 우리 집 고양이의 모래 선호도를 파악하는 것이 중요합니다. 그 후 선호도가 높은 모래로 교체해보는 것입니다. 대부분의 고양이들은 자연 모래와 비슷한 성상의 입자가 고운 응고형 모래를 선호합니다. 보호자들이 모래가 사방으로 떨어지고 흩날리는 사막화 현상 때문에 가장 꺼리는 형태의 모래입니다. 하지만 사회화 시기에 사용했던 모래의 경험 때문에 다른 종류의 모래인 두부 모래, 펠렛, 크리스탈 모래 등에 높은 선호도를 가진 고양이들도 있습니다.

그럼 고양이는 어떤 형태의 화장실이 어느 위치에 있는 것을 좋아할까요? 여러 번 이야기하지만 고양이는 야생성이 많이 남아 있는 동물입니다. 길고양이들의 배변과 배뇨 습성을 보면 힌트를 얻을 수 있습니다. 대부분 길고양이들은 사방이 확 트여 주변을 경계할 수 있고 부드러운 모래나 흙이 있는 곳을 애용합니다. 즉, 집에서도 화장실 위치는 조용하고 주변이 트여 있어 시야와 퇴로가 확보된 곳이 좋습니다. 적합한 장소는 결국 사람이 자주 치워야만 하는 거실이나 방의 안쪽 공간입니다. 막혀 있는 돔형보다 먼지는 날리지만 오픈되어 있는 화장실 형태를 추천합니다. 화장실 크기 또한 대소변을 보고 몸을 움직여 뒤처리를 하기에 불편하지 않도록 넓어야 하는 것은 당연합니다. 아무리 생각해보아도 사람이 생활하기에는 이만저만 불편한 것이 아닙니다.

결국 이야기하고 싶은 것은 집 안의 사막화를 막기 위해 보호자 편의 위주의 화장실을 고양이에게 제공할 수는 있지만, 이 때문에 고양이의 배변과 배뇨 실수가 시작될 수 있다는 점입니다. 실수가 시작되었을 때 고양이를 나무라기보다 지금 사용하고 있는 화장실 환경이 사람 편의 위주로 꾸며진 것은 아닌지 살펴 봐주세요.

궁금하다옹

Q. 고양이가 좋아하는 모래와 화장실 타입은 무엇인가요?

일반적으로 고양이가 선호하는 모래 타입과 화장실 형태는 다음과 같습니다. 단, 사회화 시기의 경험과 성향에 따라 순서는 바뀔 수 있습니다.

· 모래 타입

자연 모래 > 응고형 모래(벤토나이트) > 두부 모래 > 펠렛 = 크리스탈

· 화장실 형태

개방형 > 돔형 > 자동청소형 = 캣타워일체형 > 사람 변기

고양이는 물 마시는 취향도 다릅니다

"어머 이렇게 물 마시는 거 처음 봐요. 너무 신기해요."

어떻게 한 거냐고요? 별로 한 것도 없습니다. 세라믹 물그릇만 있던 집에 투명한 유리로 된 물그릇을 하나 더 놓아주었을 뿐입니다.

고양이 보호자들의 최대 관심사 중 하나는 '고양이 물 먹이기'입니다. 고양이는 수분 섭취가 부족하면 신장이나 비뇨기계 질환에 걸리기 쉽습니다. 하지만 물을 잘 마시지 않는 고양이들이 많습니다. 그래서 보호자들은 어떻게 해주면 고양이가 물을 더 많이 마실 수 있을까를 늘 고민합니다.

'찍먹파'와 '부먹파'라는 말이 있습니다. 탕수육에 소스를 부어 먹는 사람과 찍어 먹는 사람을 뜻합니다. 고양이에게도 비슷한 게 있습니다. 고인 물을 좋아하는 고양이와 흐르는 물을 좋아하는 고양이입니다. 고양이는 일반적으로 흐르는 물을 좋아합니다. 그러나 우리 집에 있는 고양이가 흐르는 물을 좋아할지는 알 수 없습니다. 고양이의 취향은 말 그대로 천차만별입니다.

그래서 제가 보호자들에게 자주 하는 이야기가 있습니다. 물그릇은 한 군데 이상 놓아줘야 하지만 똑같은 물그릇을 사용해서는 안 된다고요. 고양이는 다양한 방법으로 물 마시기를 좋아합니다. 물그릇에 물을 마시기도 하고 컵에 담긴 물을 마시기도 합니다. 싱크대에서 물을 틀고 설거지를 하고 있으면 올라와서 물을 마실 때도 있습니다. 어떤 때는 변기 물을 마셔 보호자를 놀래키기도 합니다. 고양이는 그때그때 먹고 싶은 장소에서 물을 마십니다. 그러니 다양한 공간에 다양한 종류의 물그릇을 놓아두어야 합니다. 귀찮다고 혹은 예쁘다고 한 가지 물그릇을 몇 개 사서 놓아두는 것은 현명한 방법이 아닙니다. 똑같은 재질이라도 그릇의 깊이나 넓이에 따라 호불호가 나뉘기도 합니다. 특히 다묘 가정에서는 다양한 음수법을 이용해야 합니다. 그래야 제각각 좋아하는 대로 물을 마실 수 있습니다.

고양이마다 물 마시는 취향이 다양하기는 하지만 기본적으로 흐르는 물을 좋아하는 경향이 있습니다. 깨끗하고 신선하기 때문입니다. 그러니 가능하다면 하루에도 두세 번씩 물을 새로 갈아주고 물그릇도 깨끗하게 씻어주는 것이 좋습니다. 소음이 적은 고양이 전용 정수기도 활용해볼 수 있습니다. 단, 낯선 것에 잘 적응하지 못하는 고양이들에게는 처음에는 적응기간이 필요할 수 있습니다. 정수기 근처에서 간식을 주거나 사냥놀이를 하면서 정수기에 익숙해지도록 도움을 주세요.

수도꼭지에서 흘러나오는 물만 마시려는 고양이도 있습니다. 수도꼭지를 틀어달라고 "야옹 야옹" 계속 울어댑니다. 대부분의 보호자들은 이것저것 요구하는 고양이가 예뻐서 그럴 때마다 수도꼭지를 틀어 물을 줍니다. 하지만 고양이가 해달라는 대로 무조건 맞춰주면 결국 고양이에게 좋지 않습니다. 보호자가 집에 돌아올 때까지 참으며 물그릇의 물은 절대 마시려고 하지 않습니다. 결국 음수량이 줄어드는 결과로 이어집니다. 어렸을 때부터 안 되는 것은 안 된다고 가르쳐야 합니다. 고양이가 수도꼭지 근처로 오면 바로 물을 잠가버리세요. 그래야 나중에 발생할 수 있는 문제행동을 예방할 수 있습니다.

그럼 고양이가 얼마나 물을 마셔야 건강에 문제가 없을까요? 적정 음수량은 일반적으로 체중 1kg당 50ml입니다. 체중이 4kg인 고양이라면 하루 200ml 정도의 수분 섭취가 추천됩니다. 고양이 보호자의 대부분이 우리 집 고양이는 물을 잘 마신다고 말하지만, 실제 계산된 양을 듣고 나면 충분한 양의 물을 마시지 않고 있다는 것을 깨닫게 됩니다. 사람도 하루 8잔 이상

물을 마시는 게 몸에 좋다고 하지만 쉽지 않습니다. 고양이도 마찬가지입니다. 고양이가 물을 잘 마시지 않는다면 음수량을 늘려주기 위한 방법도 고민해봐야 합니다. 우선 습식 사료를 적극 이용합니다. 습식 사료는 70~80%가 수분이라서 자연스럽게 수분 섭취량을 늘릴 수 있습니다. 짜 먹이는 액상형 간식을 물에 섞어서 주는 것도 좋은 방법입니다. 물에 액상형 간식을 반쯤 타서 주면 마지막 한 방울까지 싹싹 핥아 먹는 광경을 볼 수 있습니다.

물 마시기도 조기교육이 중요합니다. 어렸을 때부터 물을 마시면 잘했다고 엉덩이도 두드려주고 얼굴도 쓰다듬어줍니다. 몇 개월 동안 계속 칭찬을 해주면 물 마시는 건 좋은 행동이라고 생각하게 됩니다. 이때 중요한 점은 고양이가 물을 마시는 중간이 아닌 물을 다 마시고 난 이후에 칭찬을 해야 한다는 점입니다. 보호자의 관심을 가장 큰 보상으로 생각하는 고양이의 경우라면 물을 마시다가도 칭찬을 하면 물 마시기를 중단하거나 보호자가 만져줘야 물을 마시는 습관이 생길 수 있기 때문입니다.

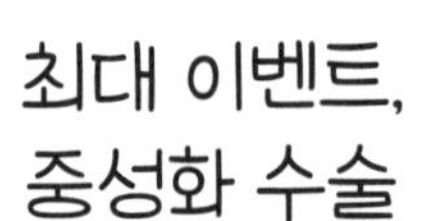

최대 이벤트, 중성화 수술

집고양이에게 중성화 수술이 필요하냐, 아니냐는 어느 정도 결론이 났다고 생각됩니다. 새끼를 볼 계획이 없다면 중성화 수술을 시켜주는 게 고양이의 정신적, 신체적 건강 모두에 좋다는 데에 대부분 동의하니까요. 그런데 생각보다 미리미리 중성화 수술을 준비하는 보호자는 많지 않습니다. 별 생각 없이 지내다가 첫 번째 발정이 오고 고양이가 몸부림을 치면 그제야 중성화 수술을 생각합니다. 중성화 수술은 첫 발정이 오기 전에 시키는 것이 좋습니다. 성성숙 이후에 수술을 받으면 수컷에게는 스프레이 등과 같은 문제행동이 남을 수 있고 암컷에게는 유선 종양 등의 질환 발생 위험이 급격히 올라갑니다. 그러니 가능하면 첫 발정 전에 중성화 수술을 시켜주세요. 보통 첫 발정이 오기 전인 5~6개월령이 적당합니다. 단, 체중은 최소한 2kg은 넘어야 마취 위험성이 높아지는 것을 막을 수 있습니다.

중성화 수술은 묘생에 있어 가장 큰 이벤트라고 할 수 있습니다. 성격도 많이 변합니다. 대부분은 더 온순해집니다. 성호르몬이 감소하기 때문입니다. 극소수는 중성화 수술 이후에 히스테릭하고 예민해지는 경우도 있습니다. 하지만 대부분 일시적이며 수술 이벤트에 대한 스트레스, 그리고 넥카라나 환묘복 착용에 대한 거부감이기 때문에 시간이 지나면 괜찮아집니다.

무엇보다 중성화 수술을 하면 호르몬 균형이 바뀌어 살이 찔 수 있습니다. 식욕이 늘고 활동성이 다소 떨어지기 때문입니다. 자칫 사냥놀이에 대한 흥미도 기존에 비해 떨어질 수 있으므로 매일 시간을 정해 규칙적이고 재미있게 진행해주세요. 또한 수술 후에는 기초 대사율도 떨어지기 때문에 하루 급여 사료 칼로리도 줄여야 합니다. 아직 성장기라면 그대로 급여를 하면서 체형 변화에 따라 급여량을 조절하고 성묘 때 중성화 수술을 시켰다면 10% 정도 급여량을 줄입니다.

병원을 좋아하는 고양이는 없지만 많은 경우 중성화 수술 후에 병원에 대한 거부감이 더 커집니다. 태어나서 가장 아팠던 경험을 하게 된 순간이니까요. 그러면 남은 묘생 동안 병원에 가는 길이 보호자와 고양이 모두에게 지옥길이 됩니다. 중성화 수술도 중요하지만 중성화 수술이 끔찍한 병원 트라우마로 남지 않도록 평상시에 병원 스트레스를 줄여주는 노력을 해야 합니다. 앞에서 설명했던 이동장 훈련(133페이지)을 틈틈이 해주고 이왕이면 중성화 수술도 고양이친화병원에서 받도록 하면 좋습니다.

고양이는 아파도 아픈 티를 내지 않습니다

인턴 생활로 하루 15시간 가까이 병원 근무를 하던 때였습니다. 룸메이트가 병원에 버려진 새끼 고양이 한 마리를 집에 데려왔습니다. 그렇게 아톰은 저의 첫 고양이가 되었습니다. 아톰이 처음 집에 오던 날이 지금도 생생합니다. 아톰은 첫날부터 마치 제집인 양 너무나도 당당하게 집 안을 활보했습니다. 저에게도 애정이 듬뿍 담긴 '러빙rubbing, 문지르기'을 선물했습니다. 알려주지도 않았는데 역시나 화장실을 찾아 소변을 보더군요.

정말 기특한 녀석이었습니다.

한 가지 걱정은 있었습니다. 저와 룸메이트 모두 인턴 생활을 하느라 아톰과 함께 보낼 시간이 부족하다는 점이었습니다. 사냥놀이도 자주 해주지 못했습니다. 쉬는 날에 어쩌다 사냥놀이를 해주면 아톰은 30분이 지나도 지치지 않았습니다. 그렇게 잘 노는 아톰을 보며 평소에 얼마나 답답했을까, 안쓰러웠습니다. 그래도 아톰은 매일 밤 녹초가 되어 퇴근하던 저에게 애교를 부리며 반겨주었습니다. 그 시절 저는 아톰에게 사료나 부어주는 한심한 집사였을지 모릅니다.

아톰이 집에 온 지 1년이 지날 무렵, 어느 날부터 아톰이 배뇨 실수를 하기 시작했습니다. 보란 듯이 룸메이트의 서랍장 위와 제 방의 이불 위에 소변을 봤습니다. 어느 날은 새로 구입한 아이패드 위에 소변을 보기도 했습니다. 룸메이트와 저는 아톰이 스트레스를 받고 있구나, 생각했습니다. 바쁘다는 핑계로 가끔씩 화장실 청소를 건너뛰었던 것과 사냥놀이를 자주 해주지 못해 운동량이 부족했던 것이 머릿속에 떠올랐습니다. 하지만 환절기였기 때문에 신체 컨디션이 조금 나빠진 것은 어느 정도 자연스러운 증상이라고 생각했습니다.

저는 아톰의 식사량이 3분의 1 가까이 떨어졌을 때까지도 아톰이 아프다는 것을 알아채지 못했습니다. 자율급식을 하고 있어서 정확한 급여량을 체크하지 못했고 간식을 너무 잘 먹어서 식욕에 이상이 있다는 생각을 하지 못했습니다. 알아차렸을 때는 이미 불치병인 전염성복막염이 많이 진행된 상태였습니다. 병원에 입원해 두 달간 연명치료와 수혈을 반복해 받았지만 아톰은 결국 제 곁을 떠났습니다.

고양이 보호자들은 대부분 고양이가 아픈 곳은 없는지 늘 전전긍긍합니다. 그럴 수밖에 없습니다. 건강해보이는 고양이였는데 정기 검진 때 문제가 있다는 이야기를 듣기도 하고, 멀쩡하다가 며칠 아파보여서 병원에 데려가면 이미 손을 쓸 수 없는 상태라는 이야기를 듣기도 하니까요. 보호자가 고양이를 잘 돌봐도 언제든지 일어날 수 있는 일입니다. 왜냐하면 고양이는 야생성이 많이 남아 있어서 아파도 아픈 티를 내지 않기 때문입니다. 야생동물이 아픈 티를 내면 어떻게 될까요? 포식자의 표적이 됩니다. 그러니 고양이가 아픈 것을 초기에 발견하지 못하는 것은 보호자의 잘못만은 아닙니다.

하지만 고양이가 아픈 티를 낸다면 질환이 이미 70~80% 정도 진행된 상태일 가능성이 높습니다. 그렇기 때문에 보호자가 평소 고양이의 생활 패턴을 정확하게 파악하고 있어야 합니다. 매일 사료와 물 섭취량을 살펴서 덜 먹지는 않는지 확인하고, 매일 화장실 청소를 해주며 감자와 맛동산의 모양과 개수를 보고 소변량이 줄지는 않았는지, 소변보는 횟수가 많아졌는지, 설사를 하지는 않았는지 확인합니다. 평소와 다른 모습을 보인다면 병원을 찾아 건강 상태를 확인해주세요. 하지만 너무 전전긍긍할 필요는 없습니다. 2~3일 정도의 미세한 컨디션 변화는 정상으로 보아도 좋습니다.

정기적인 건강 검진은 필수입니다. 개에 비해 예민한 성격 때문에 자주 동물병원에 내원하기 어려운 만큼 1년에 최소 한 번이라도 정기적인 검진을 받아야 합니다. 고양이 심장질환으로 인한 돌연사에 대해 걱정을 하는 보호자들이 많습니다. 심장질환은 유전성이라서 예방법이 없다고 말하지만 건강 검진을 통해 심장질환이 있다는 것을 사전에 알고 있다면 명절 때 장거리 이동을 하거나 무리하게 털을 밀고 목욕을 시켜 심장에 스트레스를 주는 일을 삼갈 수 있습니다.

건강 검진은 어디가 아파서 검사를 하는 것이 아닙니다. 앞으로 문제가 될 부분이 있는지 미리 확인하기 위한 검사입니다. 건강해보이는 고양이도 건강 검진을 해보면 신장 기능이 저하되어 있는 경우가 꽤 많습니다. 고양이는 신장 기능이 70% 이상 망가져도 아무 증상이 없습니다. 그래서 혈액 검사나 영상 검사 전에는 전혀 문제를 모르고 지내는 경우가 많습니다. 신장의 경우 질환의 증상이 나타났을 때는 이미 뚜렷한 치료법이 없기 때문에 정기적인 건강 검진이 필요합니다. 노령묘에게 자주 발생하는 호르몬계 질환들도 증상이 없을 때 일찍 발견하게 되면 합병증을 미리 예방할 수 있어서 기대 수명을 늘릴 수 있습니다.

아픈 걸 참고 숨기는 고양이는 개보다 정기 검진이 더 필요한 동물입니다. 하지만 병원에 데려오기 힘들다는 이유로 정기 검진을 받지 않는 경우가 많습니다. 아프기 전에 데려와주세요. 고양이가 아픈 것을 보호자가 알아챘을 때는 이미 고양이는 아픈 것을 한참 동안 참아온 상태입니다.

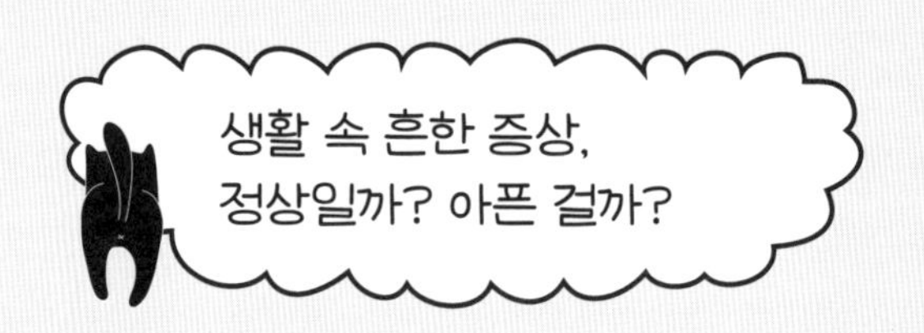

"피부병 아닐까요?"

보호자들이 가장 많이 하는 걱정 중 하나입니다. 비듬 같은 게 떨어지거나 털이 빠지면 피부병이 아닐까 걱정합니다. 고양이 피부질환의 대부분은 곰팡이성 피부질환입니다. 피부 면역계가 완벽히 갖춰지지 않은 한 살 미만의 고양이에게 빈발합니다. 어느 날부터 얼굴 주변, 특히 입이나 귀, 발가락 사이, 꼬리 등에 털이 뭉텅이로 빠지거나 각질이 생긴다면 곰팡이성피부병일 확률이 높습니다. 빨리 병원에 데리고 가서 치료를 받고 집 안 대청소를 해야 합니다.

정작 곰팡이 균주인 고양이에게는 아무런 피부 증상이 없는데 사람에게만 수포가 나타날 수도 있습니다. 고양이 보호자에게 수포가 생겼다면 피부과 의사에게 반드시 집에 고양이가 있다는 사실을 알려야 합니다. 단순히 접촉성알레르기로 판단해 적합하지 않은 처방을 내릴 수 있습니다.

고양이 눈썹 부분의 털이 빠져서 휑해졌다고 피부병이 아닐까 걱정하기도 하는데 나이가 들면 자연스럽게 털 분포도가 떨어지는 부위이므로 걱정하지 않아도 됩니다.

"먹으면 토해요!"

먹고 나서 토하는 건 너무 빨리 먹거나 다묘 가정이라면 다른 고양이 눈치를 보면서 먹느라 그럴 수 있습니다. 급하게 먹는 것 같으면 사료그릇을 넓은 그릇으로 바꿔주세요. 사료그릇에 사료를 흩트려 놓으면 저절로 천천히 먹게 됩니다. 천천히 먹게 고안된 급여기도 있습니다. 한 알씩 찾으면서 먹어야 되는 형태라 급하게 먹는 습관이 있는 고양이에게 적합합니다.

다묘 가정이라면 사료그릇들이 너무 가깝지 않은지 살펴봅니다. 다른 고양이 눈치 보지 않고 편히 먹을 수 있도록 사료 먹는 공간을 분리해주면 구토 증상이 사라지기도 합니다. 사료를 먹고 5분 이내로 토한다면 환경을 조절해주는 것만으로도 증상이 좋아질 수 있습니다. 하지만 구토 횟수가 너무 잦거나 사료를 먹고 한참이 지난 후에도 위액성 구토나 거품 구토, 장액성 녹색 구토가 관찰된다면 병원에 데려가야 합니다.

"대변에 피가 묻어 있어요!"

사람도 변비가 있으면 치질 증상이 생겨서 피가 묻어날 수 있습니다. 보호자들은 단단한 변을 '예쁜 대변'이라고 생각하는데 고양이에게는 변비 상태입니다. 가장 이상적인 변은 형태는 잡혀 있지만 수분감이 있는 변입니다. 일반적으로 생각하는 '예쁜 대변'보다는 묽은 상태입니다. 변 끝에 혈액이 묻어 있다면 일단 수분 섭취량을 늘리는 노력을 해보세요.

변 상태가 물러졌는데도 혈액이 묻어난다면 병원에 가서 확인해봐야 합니다. 대장염감염성 또는 자가면역성일 수 있습니다. 노령묘라면 종양이 생겼을 가능성도 염두에 두어야 합니다.

"감자 크기가 달라졌어요!"

소변 횟수는 비슷한데 감자 크기만 작아졌다면 물 섭취량이 줄어든 게 원인일 가능성이 가장 큽니다. 그러니 음수량을 늘리기 위한 노력이 우선입니다. 만약 감자 크기는 줄었는데 개수가 늘었다면 방광 염증을 의심해볼 수 있습니다. 반면에 소변 횟수가 증가하고 감자 크기도 커졌다면 당뇨 질환이나 신부전 가능성을 염두에 두고 병원에 가서 확인해보는 것이 좋습니다.

"걷는 게 불편해보여요!"

어느 날부터 걷기를 불편해한다면 발톱이 깨지거나 발바닥에 상처가 생겼을 수 있습니다. 먼저 발바닥과 발톱 상태를 하나씩 확인해보세요. 모두 상태가 온전하다면 관절 이상과 같은 근골격계 문제일 수 있으므로 엑스레이 촬영이 필요합니다.

"입을 벌리고 숨을 쉬어요!"

한참 놀고 나서 입을 벌리고 쉬는 경우가 있습니다. 과호흡 상태에서 개구 호흡을 보이는 고양이들이 있기는 하지만 그런 고양이의 경우 심장질환이 있을 확률이 높습니다. 병원에서 심장의 기저질환이 있지는 않은지 확인해보는 것이 좋습니다.

"몸에 상처가 생겼어요!"

동거묘와 다투고 싸우는 일이 있다면 상처가 생길 수 있습니다. 고양이 송곳니는 뾰족해서 송곳니에 물리면 상처가 깊고 좁아 겉에서는 안 보일 수 있고, 보여도 작은 구멍 정도로만 나타납니다. 싸움 직후에는 아무 문제가 없어 보이지만 시간이 지남에 따라 세균감염 때문에 심각한 염증을 유발할 수 있으므로 고양이가 활동을 불편해하는지, 피부가 부어오르지 않는지를 잘 살펴봐야 합니다.

고양이는 몸에 상처가 나면 계속 핥는 습성이 있으므로 자꾸 어딘가를 핥는다면 상처 때문일 수 있습니다. 고양이 혀에는 까칠까칠한 미늘이 있어서 핥으면 핥을수록 상처가 덧나게 됩니다. 일단 넥카라를 채워서 핥지 못하게 한 후 동물병원에 데려가 상태를 체크합니다.

PART 4

당신의 고양이는 지금 행복하지 않을 수 있습니다

본능, 즉 야생성이 충족되는 삶.
고양이가 원하는 것은 바로 이것입니다.
이것만 충족시켜주면 행동학적 문제들은
대부분 해결될 수 있습니다.

문제행동은 다양해도
원인은 단순합니다

많은 보호자들이 저에게 각기 다른 질문을 합니다.

"우리 고양이는 이런저런 문제가 있어요."

"이런저런 상황인데 어떻게 해야 할까요?"

어떤 고양이는 대소변 테러를 하고 어떤 고양이는 밤만 되면 집 밖으로 나가겠다고 울어댑니다. 어떤 고양이는 먹는 것에 집착이 너무 심하고 어떤 고양이는 못 말리는 싸움꾼입니다. 어떤 고양이는 자꾸 벽지를 긁어대고 어떤 고양이는 그루밍을 너무

심하게 합니다. 이렇게 보니 고양이는 정말 골치 아픈 존재군요. 보호자들은 다 제각각 자신의 고양이에게 맞는 해결법을 알고 싶어 합니다. 그러나 제가 보기에는 모두 비슷한 문제입니다.

스트레스를 받으면 어떤 사람은 잠이 많아지고, 어떤 사람은 잠을 못자고, 어떤 사람은 식욕이 당기고, 어떤 사람은 식욕이 사라집니다. 또 어떤 사람은 불안할 때 손톱을 물어뜯고, 어떤 사람은 다리를 떨어댑니다. 어떤 사람은 갑자기 욱해서 소리를 지르고 어떤 사람은 혼자서 조용히 삭힙니다. 스트레스가 심하면 어떤 사람은 배가 아프고, 어떤 사람은 머리가 아픕니다. 어떤 사람은 자꾸 감기에 걸리고, 어떤 사람은 과민성대장증후군이 심해집니다. 증상은 오만가지지만 가장 중요한 원인은 대부분 스트레스입니다. 스트레스가 지속되면 어떤 증상이든 나타날 수 있습니다.

고양이도 마찬가지입니다.

"하라는 대로 했더니 조금 나아지긴 했지만 근본적인 원인이

궁금해요."

근본적인 원인은 의외로 단순합니다.

"당신의 고양이는 지금 집 안에서 사는 게 야생의 삶보다 행복하지 않을 수 있습니다."

실내에서의 생활은 비와 바람을 피하고 굶주리지 않을 수 있는 안락함을 주었지만 더 이상 야생적인 본능은 완벽히 해결할 수 없는 상황이 되었습니다. 남아 있는 본능을 잘 해소시켜주어야 정신적으로나 육체적으로 건강한 상태를 유지할 수 있습니다. 본능, 즉 야생성이 충족되는 삶, 고양이가 원하는 것은 바로 이것입니다. 이것만 충족시켜주면 행동학적 문제들은 대부분 해결됩니다. 문제행동 해결의 방향은 크게 3가지로 요약될 수 있습니다.

첫째, 집 안 환경을 야생처럼 풍부하게 꾸며줄 것.

둘째, 사냥놀이를 재미있게, 주기적으로, 충분히 해줄 것.

셋째, 사료 급여 시 먹이퍼즐을 적극 활용할 것.

그래도 문제가 해결되지 않는다면 더 구체적인 해결 방안이 필요할 수 있습니다. 이제부터 소개할 다양한 상황에서 힌트를 찾길 바랍니다.

다묘 가정의 합사 실패, 서로 싸우기 바빠요

고양이 세 마리가 한 마리에게 달려들어 집단 공격을 합니다. 이불 밑에 숨으면 이불 위에서 물어뜯고, 침대 밑으로 도망가면 쫓아가서 공격을 합니다. 날카로운 비명이 난무하고 털이 날아다닙니다. 혼비백산한 보호자가 달려들어 겨우 고양이들을 쫓아냅니다. 방문을 닫으면 잠시 집단난투가 소강상태가 됩니다.

유기묘였던 춘향이를 집에 데려온 지 1년이 다 되어갑니다.

그러나 춘향이는 여전히 방 밖으로 나오지 못하고 이불 밑에서만 숨어서 지냅니다. 방문이 꽉 닫혀 있고 보호자가 옆에 있을 때만 이불 밖으로 나와 캣타워에 올라가고 사냥놀이도 합니다. 하지만 방 안에서 춘향이가 돌아다니는 기척이 나면 방문 밖의 다른 고양이들이 어슬렁거리며 불편한 기척을 냅니다. 그러면 다시 춘향이는 겁을 먹고 이불 속으로 숨어듭니다.

"세 마리까지는 합사에 전혀 문제가 없었어요. 첫째 담이는 둘째 담비와 셋째 사랑이에게 의젓한 좋은 오빠 노릇을 했어요. 핥아주고 놀아주고 동생들을 정말 잘 돌봐줬어요. 그런데 무슨 일인지 춘향이에게는 처음부터 적대적이더라고요. 담이가 춘향이를 공격하니까 다른 고양이들도 합세를 했어요. 도대체 어디서부터 잘못된 건지 모르겠어요. 춘향이가 너무 불쌍해요. 얼마나 답답하겠어요."

보호자는 춘향이와 다른 고양이의 합사를 위해 지난 1년 동안 많은 노력을 했습니다. 서로 얼굴을 익히라고 이동장에 넣어 마주하게도 하고, 방문에 펜스를 쳐서 서로 얼굴을 보며 생활을 하게도 했습니다. 하지만 이런 저런 방법을 시도해도 효과가 없었습니다.

많은 보호자들이 묻습니다.

"하라는 대로 해봐도 안 됩니다. 근본적인 이유가 뭘까요? 우리 고양이는 구제불능인 건가요?"

보호자들이 많은 노력을 했는데도 합사가 잘 안 되는 이유는 무엇일까요?

EBS 〈고양이를 부탁해〉 프로그램의 사례자들을 만나보면 이미 고양이에 대해 많은 것을 알고 있고 문제행동을 고치기 위해 다양한 방법을 시도해본 경우가 많습니다. 그만큼 고양이에게 애정이 많기 때문에 프로그램에 출연 신청까지 했겠지요. 그런데 사례자와 직접 이야기를 해보면 무엇이 문제였는지 금방 알게 됩니다. 바로 '섬세함'입니다. 인터넷이나 유튜브, 책에서 찾아본 방법을 열심히 따라 하기는 하는데 잘못하고 있는 경우가 대부분입니다.

합사 실패로 상담을 청해오는 보호자들의 말을 들으면 비슷한 경우가 많습니다.

"합사 전에 환경을 충분하게 제공해줬고 격리도 해서 서서히 합사를 시켰어요. 그런데 며칠 문제없이 지내는 듯하다가 싸움이 시작되었죠."

큰 순서만 놓고 보면 무엇이 문제인지 알기 힘듭니다. 그러나 자세히 들여다보니 합사 실패의 원인이 보입니다. 그럼 춘향이네는 무엇이 문제였을까요?

춘향이는 유기묘였습니다. 한동안 길에서 생활을 했기 때문에 다른 고양이에 대한 트라우마가 있었을 것입니다. 길고양이들은 자기 영역을 침범한 다른 고양이들에게 우호적이지 않습니다. 매일매일 생존을 놓고 경쟁을 하며 살아가기 때문에 기본적으로 서로에게 적대적입니다. 길거리 생활로 인해 다른 고양이에 대해 두려움을 갖고 있던 춘향이는 처음 본 담이나 담비,

사랑이에게도 방어적 공격성을 보였을 것입니다. 그러니 다른 고양이들도 춘향이를 받아들이지 않고 자신들의 영역에서 쫓아내기 위해 총공격을 펼쳤을 테지요.

기본적으로 이렇게 불안감과 경계심이 큰 고양이는 새로운 공간과 고양이에 적응할 시간을 충분히 주어야 합니다. 그런데 춘향이네 합사 과정은 너무 빠른 속도로 진행되었습니다. 서로에게 충분히 적응할 시간이 주어지지 않았던 게 문제였습니다. 춘향이가 집의 주요 공간인 거실에 적응하여 자신의 영역임을 표시할 수 있는 훈련을 매일 진행하고 이와 동시에 마치 처음 합사를 하는 것처럼 첫인사 단계부터 다시 합사 과정을 밟아나갔습니다. 합사 전에 두세 번밖에 하지 않았던 인사 훈련을 매일 2번씩 일주일 동안 반복하도록 했습니다. 그랬더니 신기하게도 일주일 만에 전쟁터 같던 집 안이 조용해졌습니다. 사이가 좋지는 않지만 그렇다고 싸움을 하지도 않고 적당히 서로 무시하며 살게 된 것입니다.

합사에 대한 가장 큰 오해는 '고양이도 싸우면서 정들 수 있다'는 생각입니다. 매일매일 살얼음판을 걷듯 살면서도 합사 상태를 고집합니다. 지금 합사를 포기하고 생활공간을 분리시키면 죽을 때까지 합사가 불가능하다는 생각 때문입니다. 그러나 단호히 말할 수 있습니다. 합사가 실패해서 싸움이 끊이지 않는다면 즉각 고양이들을 격리하고 첫인사부터 다시 시켜야 합니다. 그것이 가장 빠른 해결법입니다. 빨리 시작하면 할수록 격리 날짜를 줄일 수 있다는 점을 잊지 마세요.

고양이는 조심성이 많은 동물입니다. 너무 많은 정보가 한꺼번에 쏟아져 들어오면 혼란에 빠집니다. 후각, 청각, 시각 등 한 가지 감각씩 천천히 노출시켜 익숙해지도록 해야 합니다. 그럼 지금부터 다시 합사 과정을 하나씩 알아보겠습니다.

1단계, 영역 내 자원 풍부히 하기

완전 합사 전에 고양이마다 공평하게 각자 사용할 수 있는 자원이 풍부한지 확인합니다. 새로 고양이를 들인다면 사료그릇,

물그릇, 화장실, 은신처, 잠자리, 캣타워, 스크래처 등 모든 것이 추가되어야 합니다. 이런 용품들을 서로 마주치지 않고 사용할 수 있도록 집 안 여기저기에 놓아야 합니다. 화장실 3개가 나란히 놓여 있으면 안 된다는 뜻입니다. 새로 들어온 고양이 때문에 '내' 잠자리, '내' 스크래처, '내' 사료그릇을 그전보다 마음껏 사용할 수 없다면 기분이 나쁠 수밖에 없습니다. 못마땅한 마음이 쌓이다가 작은 충돌이 큰 싸움으로 번지게 됩니다. 최소한 '새 고양이가 내 영역에 들어왔지만 아직까지 나한테 불편한 건 없다'고 느껴야 합니다. 특히 다묘 가정에서 캣타워는 단순히 공간 확장의 의미 이상으로 중요합니다.

서열이 높을수록 높은 공간을 사용하기 때문에 자신이 높은 위치에 앉아 있기만 하면 서열이 낮은 고양이가 같은 캣타워를 사용해도 신경 쓰지 않습니다. 두 번째로 높은 자리를 사용하는 고양이도 가장 선호하는 공간은 아니지만 비슷한 수준의 공간이 있기 때문에 만족감을 느껴 굳이 자리 쟁탈전을 벌여야 하는 이유가 없어집니다. 야생에서도 고양이들의 싸움은 양쪽 모두

에게 치명적인 상처를 남길 수 있기에 꼭 필요한 상황이 아니라 면 서로 싸우지 않는 방법을 선택합니다. 캣타워에서 서열에 따라 자리를 하나씩 차지하는 것처럼 말이죠. 어찌되었거나 모두에게 수직 공간이 제공된 셈입니다.

2단계, 임시로 격리시키기

서로 시각적으로 노출이 되지 않도록 문으로 닫을 수 있는 방에 새로 온 고양이를 격리합니다. 원룸이라면 큰 케이지를 준비하고 담요 등으로 감싸 필요한 공간을 만듭니다. 원룸은 시각적으로 격리될 수 있는 공간이 없어서 적절한 대안이 없을 수도 있습니다. 그래서 원룸은 합사 실패 확률이 높다는 것도 다묘 가정을 꾸릴 때 고려해야 할 사항입니다. 이때 격리 공간에는 새로 온 고양이가 이용해야 하는 것들이 모두 준비되어 있어야 하고, 격리 기간은 짧게는 일주일 길게는 한 달 이상이 걸릴 수 있습니다.

3단계, 격리 상태에서 서로 인사시키기

기존에 있던 고양이가 새로 온 고양이가 격리된 방 앞을 서성이거나, 작은 문틈으로 냄새를 맡거나, 갑자기 하악질을 하기도 합니다. 하악질을 하면 사냥놀이를 통해 고양이의 관심사를 돌

려주고 냄새만 맡거나 귀를 쫑긋거릴 때는 칭찬과 간식으로 보상을 합니다. 새로운 고양이의 등장이 즐거운 일이라는 것을 알려주는 훈련법입니다. 당분간은 매일 각자의 체취를 듬뿍 묻힌 양말을 교환시키고 그 위에 맛있는 간식을 올려주는 것도 좋습니다. 닫힌 문을 사이에 두고 양쪽에서 하루에 2회 정도 맛있는 음식을 먹으며 서로에 대해 익숙해지는 시간을 갖게 합니다. 서로 반대편의 움직임과 소리에 전혀 신경 쓰지 않고 편하게 식사를 하고 그루밍을 하는 모습이 보인다면 다음은 문을 한 뼘 정도 열고 서로의 얼굴을 보여줍니다. 이때 둘 중 한 고양이가 무서워하거나 하악질을 한다면 아직 준비가 덜 된 것입니다. 기존 훈련을 유지하다가 3일 정도 뒤에 다시 얼굴을 마주하고 사료 먹는 훈련을 시도해봅니다.

4단계, 같은 공간에서 인사시키기

얼굴을 마주하고 사료 먹기까지 익숙해졌다면 다음은 주요 생활 공간인 거실에 함께 있기 훈련을 시작합니다. 먼저 새로 온 고양이가 거실에 적응할 수 있도록 기존 고양이를 격리시킨 상태에서 매일 거실을 돌아다니게 해줍니다. 매일 15~20분씩 실시하면 충분합니다. 새로 온 고양이가 편안하게 거실을 사용한다면 이제 같은 공간에서 인사를 시킵니다. 이때 기존 고양이들과 새로 온 고양이가 서로에게 신경을 쏟지 않도록 각각 사냥놀이를 해주어 신경을 분산시켜주면 좋습니다.

만약 한 고양이가 다른 고양이를 공격한다면 다시 격리 단계로 돌아갑니다. 가장 중요한 것은 서두르지 않아야 한다는 점입니다. 무리하게 같은 공간에 두어서 싸움이 벌어지는 것보다는 시간이 오래 걸리더라도 충분한 시간을 두고 서로에게 적응시켜가는 것이 중요합니다.

하지만 이렇게까지 해도 합사에 실패할 수 있습니다. 이런 경우 전문가와의 상담과 투약관리를 고려해보는 것이 좋습니다. 새로운 고양이를 데려오기 전, 반드시 이 모든 가능성까지 염두에 두고 심사숙고해야 합니다. 고양이 한 마리를 더 데려오는 것이 보호자에게는 큰 문제가 아닐 수 있습니다. 그러나 고양이에게는 천국과 지옥을 오가는 엄청난 일이 될 수 있습니다.

만약 고양이들끼리 싸움이 일어나면 어떻게 말려야 할까요? 고양이가 눈으로 레이저를 쏘며 다른 고양이에게 시선을 떼지 않는다면 싸움 직전 상태라는 뜻입니다. 한 마리가 달려들면 다른 고양이들도 함께 달려들어 집단 난투가 벌어집니다. 낌새가 보인다 싶으면 방석이나 쿠션 등을 바닥에 떨어뜨리거나 박수를 크게 쳐서 고양이들의 시선을 분산시킵니다. 잠시 시선이 분산되면 보호자가 개입해 대립 중인 고양이 중 한 마리를 다른 공간으로 이동시키는 것이 좋습니다. 담요를 던져 시야를 가리는 것도 흥분을 가라앉힐 수 있는 방법입니다. 이때 가장 나쁜 것은 보호자가 소리를 지르며 흥분하는 것입니다. 심지어 흥분 상태에서 특정 고양이를 혼낸다면 이 고양이는 더욱 나쁜 기억만 갖게 되고 상대방 고양이에 대한 부정적 감정이 커집니다. 반드시 차분하게 행동해야 합니다.

한바탕 싸움이 벌어진 후에 고양이들이 씩씩거리고 있으면 안쓰러운 마음이 듭니다. 괜한 욕심에 새로 들어온 고양이와 기존 고양이 모두에게 못할 짓을 한 것 같아 미안합니다. 그래서 고양이들을 달랜다고 간식을 주는 경우가 있습니다. 기본적으로 먹이 보상은 보호자가 원하는 행동을 했거나, 하지 말아야 할 행동을 하지 않았을 때 주어져야 합니다. 싸움이 끝난 후 먹이 보상을 해서는 안 됩니다. 맛있는 간식으로 둘 사이를 풀어주고 싶다면 고양이들이 서로를 의식하지 않고 편하게 함께 있을 때가 타이밍입니다. 함께 있으면 맛있는 걸 먹고 재미있게 놀 수 있구나, 이렇게 인식할 수 있도록 말입니다.

궁금하다옹

Q. 고양이와 개의 합사 문제는 어떻게 해결해야 할까요?

기본적인 원칙은 고양이끼리의 합사와 동일합니다. 앞의 내용을 참고하여 집 안 환경을 재배치한 후 고양이 합사와 같은 순서로 진행합니다. 여기에 추가되어야 할 것은 '개의 매너 교육'입니다. 개는 쫓아다니는 행위 자체가 놀이입니다. 도망가면 더 신나서 쫓아가는 모습을 보았을 것입니다. 그러니 개가 고양이에게 달려들지 못하게 "안 돼", "기다려" 등을 가르쳐야 합니다. 고양이와 개가 서로 적대적이라면 함께 있을 때 좋은 일이 생긴다는 것을 알려주세요. 같은 공간에서 간식을 먹게 하고, 각자가 좋아하는 놀이를 해주는 방법이 있습니다.

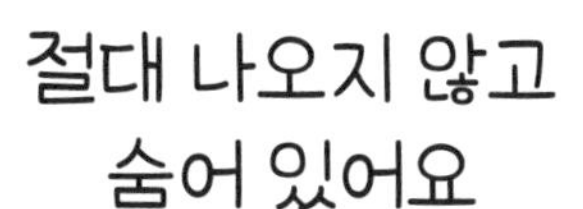

절대 나오지 않고 숨어 있어요

"너무 불쌍해요. 벌써 집에 데려온 지 2달이 넘어가는데 침대 밑에 숨어서 꼼짝을 안 해요. 들여다보면 잔뜩 겁에 질려서 얼음이 되고요. 가족들이 잠을 자는 한밤중에만 살짝 나와서 밥을 먹고 화장실을 가요. 건강 상태를 체크하러 병원도 가야 되는데 큰일이에요. 있는 듯 없는 듯 대하라고는 하는데 그냥 저렇게 놔둬도 될지, 시간이 지나면 나아질지…. 어떻게 해줘야 고양이가 편안해질 수 있을까요?"

고양이가 자신의 영역을 떠난다는 것은 엄청난 스트레스입니다. 소심한 고양이라면 새로운 영역에 적응하는 것이 일생일대의 도전이 될 수 있습니다. 보통 사람에게 트라우마가 있는 길에서 구조된 고양이들이 이런 경우가 많습니다. 고양이를 처음 집에 데려오면 고양이가 집에 적응하는 동안은 안 보는 척 무관심하게 대하면서 사료는 잘 먹는지 화장실은 잘 다니는지 관찰만 해야 합니다.

경계가 심해서 숨어 있는 고양이를 억지로 꺼내려고 하는 것은 좋지 않습니다. 고양이가 스스로 은신처에서 나와 집을 탐색할 수 있도록 무관심하게 내버려두어야 합니다. 하지만 한 달 정도가 지나도 적응하지 못하는 고양이는 1년이 지나도 스스로 은신처 밖으로 나오지 않을 가능성이 높습니다. 이럴 때는 보다 적극적인 방법이 필요합니다. 우선 사이즈가 큰 철창을 준비합니다. 분리나 안정이 필요한 고양이에게 격리된 공간을 제공하는 것입니다. 독립된 방에 철창을 설치한 후 수직 공간을 사용할 수 있도록 철창 안에 작은 캣타워를 넣고 안심하고 숨을 수 있는 숨숨집도 놓아둡니다. 아래쪽에는 화장실, 그리고 사료그릇과 물그릇도 마련해둡니다. 그럼 일상생활이 가능한 독립된 공간이 준비되었습니다.

준비가 끝나면 이제 고양이를 철창에 넣고 담요로 덮어서 시야를 가립니다. 극도로 흥분한 고양이를 안정시키는 효과가 있습니다. 일단 철창에 고양이를 격리시켰다면 그다음부터는 성묘를 처음 집에 데려와 적응시키는 과정을 보호자가 똑같이 밟습니다. 고양이가 있는 방에 들어가 무심하게 잠깐 앉아 있어보고 서서히 철창과의 거리를 좁히며 방 안에 머무는 시간을 늘려갑니다. 이때 중요한 점은 보호자가 방에 들어갈 때마다 맛있는 간식을 주는 보상이 함께해야 한다는 점입니다. 사람과 함께 있어도 안전하고 오히려 좋은 일이 생긴다는 것을 알려주는 과정입니다.

이 과정이 하루이틀 만에 효과를 보기는 어렵습니다. 짧으면 한두 달, 길면 반 년 이상의 시간이 필요할 수 있습니다. 하지만 결국은 처음보다 나아질 것이기 때문에 인내심을 가지고 훈련하기를 바랍니다. 훈련이 충분히 진행되어 보호자가 철창 바로 앞에 서 있어도 더 이상 하악질을 하지 않는다면 철창 문을 열어 놓고 고양이가 철창 밖으로 스스로 나와 방 안을 탐색할 수 있게 합니다. 창가에 큰 캣타워도 놓아주세요. 숨는 대신 캣타워 위에 올라가면 불안감을 해소할 수 있습니다. 방 안에서 편안하게 생활한다 싶으면 거실 쪽으로 생활공간을 넓혀주고 다묘 가정이라면 고양이 합사 과정을 진행해볼 수 있습니다.

고양이가 숨어서 사람만 보면 벌벌 떨고 얼음이 되는 모습을 보면 보호자들은 심한 자책감을 느낍니다. 자신이 잘 돌보지 못해 마음을 열지 않는다고 생각합니다. 특히 성묘를 입양했을 때 고양이가 적응을 못하면 괜한 욕심에 고양이를 데려와 더 힘들게 한다고 미안해합니다. 하지만 고양이가 사람에 대한 트라우마가 있거나 적절한 사회화 과정을 거치지 못해 사람에 대해 거부감이 있는 것은 보호자의 잘못은 아닙니다. 그냥 그런 고양이가 보호자의 집에 오게 된 것이니까요.

보호자에게 필요한 것은 인내심입니다. 사람을 받아들이는 데 한 달 또는 그 이상 걸릴 수 있습니다. 처음부터 다시 천천히 시작해보세요. 반드시 예전보다 편안해하는 고양이의 모습을 보게 될 것입니다.

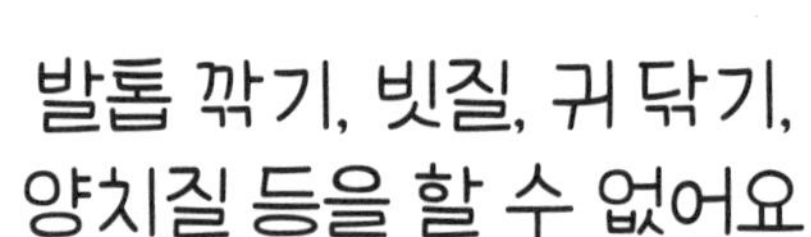

발톱 깎기, 빗질, 귀 닦기, 양치질 등을 할 수 없어요

발톱을 깎으려고 발만 잡아도 울며불며 난리를 치고 빗만 들어도 줄행랑을 치는 고양이가 있습니다. 기본적인 케어는 싫어한다고 안 할 수가 없으니 정말 골치가 아픕니다. 그래서 사회화 시기의 조기교육이 중요합니다. 어렸을 때는 낯선 것에 거부감이 없어 발톱 깎기나 귀 닦기 같은 기본적인 케어에 금방 익숙해집니다. 반면 성묘를 재교육하는 데는 많은 노력과 시간이 필요합니다. 그렇다고 불가능한 것은 아닙니다. 단지 오래 걸린다는 뜻입니다. 발톱 깎기를 편안하게 하기까지 6개월 정도가 걸릴 수도 있습니다. 하지만 6개월만 노력하면 평생 편하게 발톱 깎기를 할 수 있으니 절대 손해 보는 장사는 아닙니다.

이 문제를 해결하기 위해 우선 기억해야 할 것이 있습니다. 첫째도, 둘째도, 셋째도, '완벽하게 한 번에 다 하려고 하지 말 것'입니다. 완벽하게 성공하려는 마음이 고양이에게 더 큰 트라우마를 남길 수 있습니다. 많은 보호자들이 고양이가 발톱 깎기와 빗질을 싫어하면 미루고 미루다 더 이상 미룰 수가 없을 때, 마침내 결심을 합니다.

"오늘은 꼭 발톱을 깎이고 말겠어."

"네가 아무리 난리법석을 피워도 오늘은 절대 너에게 굴복하지 않겠어."

이건 '내가 이기나 네가 이기나'의 싸움이 아닙니다. 고양이에게 해줘야 할 행동이 있다면 단계별로 쪼개서 느긋하게 시간을 들여 재교육을 해야 합니다. 한 번에 완벽히 끝내려고 하기 때문에 고양이가 점점 더 싫어하고 무서워합니다.

발톱 깎기 재교육을 예로 들어볼까요? 발톱 깎기에 트라우마가 있는 고양이는 발톱깎이만 꺼내도 기겁을 합니다. 우선 발톱깎이에 대한 거부감을 지워줍니다. 방법은 간단합니다. 발톱깎이를 보이는 곳에 꺼내놓습니다. 그리고 발톱은 깎지 않습니다. 발톱깎이를 옆에 두고 간식도 주고 사냥놀이도 해주면 발톱깎이를 보고도 긴장하지 않게 됩니다. 그다음에는 발을 슬쩍슬쩍 만져봅니다. 그리고 간식 보상을 합니다. 그렇게 발을 만지는 것에 익숙해지면 다음 단계로 나아갑니다. 발을 잡고 발톱을 눌러 노출시킵니다. 물론 이때도 간식 보상을 합니다. 매일 반복적으로 하면 발을 잡고 발톱을 노출시키는 것에 거부감이 없어집니다. 그다음은 발톱 깎기 실전으로 들어갑니다.

이런저런 방법들을 시도해봐도 전혀 나아지지 않았다며 보호자들이 하소연하기도 합니다.

"우리 고양이는 정말 너무 심각해요. 인터넷에서 찾아본 방법대로 다 해봤는데도 전부 효과가 없었어요."

보호자들이 가장 많이 하는 실수가 무엇일까요? 며칠 해보고 안 된다고 포기하는 것입니다. 발톱을 깎는 데 익숙해지기까지 6개월이 걸릴 수도 있습니다. 그럼 발을 만지도록 허락하는 데는 얼마나 걸릴까요? 한 달이 걸릴 수도 있습니다. 얼마나 자주 해줬냐고 물어보면 매일 해줬다는 보호자들은 많지 않습니다. 보통 일주일에 두세 번 정도라고 대답합니다. 매일 두세 번씩 반복해야 합니다.

사람도 어렸을 때는 금방금방 배웠는데 나이가 드니 잘 안 된다는 말을 하지 않나요? 고양이도 마찬가지입니다. 나이가 들면 새로운 자극에 익숙해지는 데 시간이 오래 걸립니다. 그러니 고양이에게도 여유 있게 시간을 주세요. 그리고 매일매일 조금씩 가르치며 느긋하게 지켜봐주세요. 그래도 고양이가 받아들이지 못한다 싶으면 다시 앞 단계로 돌아가서 조금 더 기다려주세요.

고양이 재교육이 어려운 이유는 사실 고양이 때문이 아닙니다. 꾸준히 노력하는 보호자가 많지 않기 때문입니다. 매일매일 몇 개월씩 발톱 깎기나 귀 닦기 등을 가르치는 보호자가 되어주세요. 고양이는 분명 받아들일 것입니다.

약 먹이기도 마찬가지입니다. 만약 건강 검진으로 초기 만성신부전증이 발견된 고양이가 있다면, 저는 처음부터 약을 처방하지 않습니다. 물론 지금부터 하나둘씩 먹이면 도움이 되는 보조제들이 있지만 일단은 약을 먹이는 도구인 필러만 처방합니다. 앞으로 진행할 만성신부전증 관리를 위해 고양이가 약 먹는 행동과 도구에 익숙해져야 하기 때문이지요. 병이 진행되면 하루에 먹어야 하는 알약의 개수가 여섯 개가 넘어가기도 합니다. 이런 상황에서 약을 억지로 먹이기 시작하면 열 마리 중 한 마리 정도는 투약에 대한 스트레스 때문에 나중에는 입에 손도 대지 못하게 합니다. 꼭 먹어야 하는 약이 생겨도 약을 먹이고 나면 토하거나 식욕부진을 보이기까지 해서 아무것도 못 먹이는 상황이 생기기도 합니다. 그래서 일단 약 먹이는 도구만 처방을 하고 일주일간은 고양이가 좋아하는 습식 사료나 짜 먹는 간식을 주는 도구로 사용하도록 합니다.

이렇게 약 먹이는 도구는 자신에게 좋은 것이라는 개념을 만들어주고 나서 약 먹이기를 시작합니다. 또한 약을 잘 먹고 나면 추가 보상을 해주어 나중에는 약봉지 소리가 나거나 필러를 꺼낼 때 고양이가 옆으로 먼저 올 수 있는 상황을 만듭니다. 그렇지 않고 억지로 고양이를 붙잡고 반복적으로 투약을 한다면, 장담컨대 그 기간이 일주일을 넘기기 쉽지 않을 것입니다. 나이가 들수록 심장약이나 혈압약처럼 장기간 꾸준히 복용해야 하는 약들이 생기므로 이런 훈련은 어려서부터 하는 것이 좋습니다.

간혹 가루약을 먹고 나서 거품을 무는 고양이들이 있습니다. 이런 경우에는 거부감이 심해서 그런 것이기 때문에 절대 같은 제형으로 약을 먹이면 안 됩니다. 고양이들은 거부하면서 적응하는 것이 아니라 트라우마가 생기게 되므로 맛이 느껴지지 않도록 캡슐에 약을 넣어 꿀꺽 삼키게 해주세요.

원하는 것을 얻을 때까지 계속 울어요

"매일 저녁마다 외출을 하려고 해서 걱정이에요."

"수도꼭지에서 나오는 물만 마시려고 해요."

"새벽마다 잠을 깨워요."

"컴퓨터 앞에 앉기만 하면 놀아달래요."

"사료는 안 먹고 간식만 먹으려고 해요."

해줄 수도 없고 해줘서도 안 되는데, 안 해줄 수 없다는 게 문제입니다. 그러다 결국 보호자는 해주고 맙니다. 왜일까요? 해줄 때까지 계속 울어대기 때문입니다.

집고양이의 “야옹”은 쉽게 말해 ‘집사야, 이것 좀 해줘라’라는 소리입니다. 어려서부터 보호자가 금이야 옥이야 키운 고양이들이 이런 성향을 갖기 쉽습니다. 혹시 고양이가 울 때마다 “응, 왜 울었어?”, “응, 뭐가 필요해?”라고 계속 대답을 해주지 않았나요? 식욕이 조금만 떨어진 것 같아도 손에 사료를 올려서 먹여주지 않았나요? 고양이의 입장에서는 이런 일들이 일상생활이 되면 습관적으로 보호자에게 필요한 것을 요구하게 됩니다. 관심이 조금 부족해졌다 싶으면 더 관심을 달라고 쫓아다니며 울어댑니다.

사랑하는 고양이가 원하는 것이니 언제든 무엇이든 해주고 싶은 마음은 이해합니다. 그러나 24시간 집에서 고양이 옆에만 있을 수는 없는 노릇입니다. 이런 고양이는 보호자가 곁에 없는 시간이 엄청난 스트레스가 됩니다. 고양이를 위해서도 보호자를 위해서도 사랑 표현에 적절한 수위 조절이 필요합니다.

울면 보호자가 해준다는 것을 학습을 통해 배우게 된 고양이는 보호자가 말을 들어줄 때까지 집요하게 요구합니다. 5분이든 10분이든 끝까지 울어댑니다. 지친 목소리로 한 시간을 우는 고양이도 있습니다. 지독하게 고집이 센 고양이라고 생각하겠지만 이렇게 지독한 고양이로 만든 것은 바로 보호자입니다. 고양이는 한 시간을 울어대야 보호자가 원하는 것을 해준다는 것을 배웠기 때문입니다. 단 한 번만 굴복해도 고양이는 알게 됩니다. 울다 보면 결국 보호자가 해준다는 사실을 말입니다. 계속 울어대는 고양이에 대한 대응은 간단합니다.

첫째, 무시한다.

둘째, 무시한다.

셋째, 무시한다.

30분을 울어도 견뎌야 하고 한 시간을 울어도 견뎌내야 합니다. 30분 째 못 참고 일어서면 고양이는 30분 동안 울어댑니다. 한 시간째 못 참고 일어서면 고양이는 한 시간 동안 울어댑니다.

끝까지 울어대면 결국 보호자가 해준다는 것을 알기 때문입니다. 무시할수록 점점 더 심하게 울 수 있습니다. 일시적으로 문제행동이 심해지는 '소거폭발' 증상입니다. 마지막을 잘 견뎌야 합니다. 이 단계까지 무사히 통과한다면 결국 고양이도 포기하게 됩니다.

'날 싫어하면 어떡하지?'

'애정 결핍이 되면 어떡하지?'

고양이의 간절한 울음소리를 무시하는 것은 쉽지 않습니다. 너무 매몰차게 느껴집니다. 고양이가 마음의 상처를 받을까 걱정도 됩니다. 그러나 고양이에게 끌려다니는 것은 성숙한 보호자의 태도가 아닙니다. 고양이에게 미움받지 않을까, 걱정할 필요는 없습니다. 고양이에 대한 사랑은 고양이가 울음을 멈췄을 때 보여주면 됩니다.

요구사항이 있을 때마다 우는 고양이에게는 클리커누르면 딸깍 소리가 나는 도구 훈련이 요긴합니다. 훈련의 기본 원칙은 간단합니다.

울면 해주지 않고, 울지 않으면 해줍니다. 울면 아무것도 얻을 수 없고 울지 않으면 맛있는 간식을 먹을 수 있다는 것을 배우게 됩니다.

자, 고양이가 뭔가를 요구하며 울기 시작했군요. 그럼 보호자도 바로 클리커와 간식을 손에 듭니다. 그리고 일단 울음을 멈출 때까지 기다리세요. 울음을 멈추면 단계별로 훈련을 진행합니다.

1단계, 울지 않을 때 재빨리 클리커를 누르고 보상합니다.

2단계, 울면 모른 척합니다.

3단계, 잠시 울기를 멈추면 클리커를 누르고 보상합니다.

* 자세한 과정은 288페이지를 참고하세요.

그렇다고 고양이가 우는 것을 무조건 무시하면 안 됩니다. 고양이가 우는 것은 필요한 것이 있기 때문입니다. 화장실이 더럽다, 방 안에 갇혔다, 사료그릇이 비었다, 심심하다 등 울음소리가 들리면 고양이가 무엇을 원하는지 확인해야 합니다. 단, 울음이 멈췄을 때 필요한 부분을 챙겨주세요.

"주말에 늦잠 한번 자보는 게 소원이에요. 고양이 소리에 정말 미치겠어요. 방문을 닫아놓아도 소용이 없어요. 밖에서 긁고 난리가 나요. '야옹' 소리가 알람 소리보다 더 무서워요. 일어날 때까지 20분이고 30분이고 계속 울어대요."

주말에만 제발 울지 말아달라고 부탁을 해볼까요? 아침밥을 두 시간만 더 늦게 먹으면 안 되겠냐고 애원해볼까요? 고양이에게는 평일과 주말에 대한 개념이 없습니다. 주말에 아침잠을 더 자고 싶다면 전날 밤 자기 전에 혼자 놀 수 있는 장난감이라도 꺼내놓고 먹이퍼즐이라도 채워두어야 합니다. 제한급식을 한다면 자동급식기가 해답이 될 수 있습니다.

이것저것 떼를 쓰기 위해 우는 고양이라면 재교육이 필요하지만 조용하던 고양이가 어느 날 갑자기 말이 많아졌다면 질병이 원인일 수 있습니다. 갑자기 울음소리가 지나치게 심해졌다면 반드시 동물병원에 데려갈 필요가 있습니다.

매일 무기력하게 창밖만 바라보고 있어요

문제행동을 해결하는 방법으로 사냥놀이를 제안하면 많은 보호자들은 말합니다.

"우리 고양이는 장난감에 관심이 없어요. 눈앞에서 흔들어대면 누워서 발로 한두 번 쳐보는 게 다예요."

"사냥놀이를 열심히 해주고 싶어도 고양이가 사냥놀이를 할 생각이 없는데 어쩔 도리가 없잖아요."

"우리 고양이는 노는 것보다 먹는 것을 더 좋아해요. 장난감을 흔들면 꼼짝도 하지 않지만 부스럭거리는 소리만 나면 간식인가 하고 달려오거든요. 먹는 것으로 스트레스를 풀면 안 되나요?"

생각보다 많은 보호자들이 사냥놀이의 중요성을 잘 알지 못합니다. 고양이가 사냥놀이를 잘 하지 않으면 그저 우리 고양이는 사냥놀이에 관심이 없다고 생각합니다. 사람이 운동을 좋아하지 않으면 그냥 운동을 좋아하지 않는 사람이라고 생각하듯 말입니다.

앞에서도 몇 번씩이나 강조했지만 사냥놀이는 단순히 고양이의 여가 활동 중 하나가 아닙니다. 사냥놀이는 밥을 먹고 화장실을 가고 잠을 자는 것처럼 고양이의 본능적인 행동입니다. 바꿔 말하면 고양이 문제행동의 원인인 스트레스를 해소시켜줄 수 있는 가장 효과적인 수단이라는 것입니다. 그러니 사냥놀이에 흥미가 떨어졌다면 식욕이 떨어지거나 불면증에 걸린 것처럼 뭔가 건강하지 않은 상태라는 표시로 이해해야 합니다. 왜 식욕이 떨어졌는지, 왜 잠을 잘 자지 못하는지 이유를 파악한 후 그에 맞는 조치를 취해야 하는 것처럼 왜 사냥놀이에 흥미가 없는지 원인부터 파악해야 합니다.

그럼 왜 고양이가 사냥놀이에 흥미가 없을까요? 가장 큰 이유는 사냥놀이가 재미있지 않기 때문입니다. 또 사냥놀이가 끝난 이후 사냥의 목적인 먹이 보상이 알맞게 제공되지 않았기 때문입니다. 재미있게 사냥놀이를 해본 적이 없고 확실한 먹이 보상이 없으니 점점 사냥놀이가 시시해집니다. 그러면서 삶이 무료해지고 먹는 것에만 집착을 하게 되기도 합니다. 사냥놀이에 흥미를 잃은 고양이들 중 비만묘의 비율이 높은 이유도 바로 그것입니다. 어떤가요? 사람과 비슷하지요? 먹는 것 말고는 삶의 즐거움이 없는 생활입니다.

사냥놀이 재훈련은 사실 보호자의 재훈련입니다. 보호자가 사냥놀이를 하는 방법을 새로 배우는 과정이라고 할 수 있습니다. 기존에 하던 방법대로 엉덩이를 붙이고 앉아서 사냥 장난감을 대충 흔들어서는 고양이가 즐겁게 사냥놀이를 하지 않습니다.

"자, 일단 엉덩이를 떼고 일어나세요."

보호자가 준비되었다면 이제는 고양이를 준비시켜야 합니다.

사냥놀이 재훈련에는 필수적인 전제 조건이 있습니다.

'배가 고파야 한다.'

야생의 고양이는 언제 사냥을 할까요? 배가 고플 때입니다. 사냥놀이도 마찬가지입니다. 약간 배가 고픈 상태가 되어야 집중력도 좋아지고 활력도 생깁니다. 이때 사냥 본능도 올라갑니다. 따라서 사냥놀이 재교육 시에는 제한급식을 하는 것이 좋습니다. 배고픈 상태에서 사냥놀이를 하고 놀이의 보상으로 사료를 주는 것입니다. 실제로 고양이 습성에 관한 연구를 보면 배고픈 고양이일수록 더 큰 사냥감을 노리며 사냥을 잘하게 된다고 합니다. 배고픈 고양이가 보호자를 집요하게 따라 다니는 것도 이와 같은 맥락입니다.

좋아하는 사냥 장난감을 찾는 것도 중요합니다. 사냥 장난감 중에서 고양이가 그나마 흥미를 보이는 장난감을 찾아야 합니다. 다양한 종류의 장난감을 보여주고 그중 반응이 가장 좋은 것을 찾습니다. 그 후 앞서 설명했던 사냥놀이 방법(144페이지)대로 진행합니다. 보통 먹이 보상은 사냥놀이가 다 끝난 후에 하지만 이미 사냥놀이에 흥미를 잃어버린 경우라면 사냥감을 잡을 때마다 간식 보상을 합니다. 짧게 집중해서 사냥감을 붙잡으면 보상받고, 또 짧게 집중해서 사냥감을 붙잡으면 보상받고, 이런 식으로 사냥에 집중하는 시간을 조금씩 늘려갑니다.

사냥 본능을 오래전에 잃어버린 고양이가 어느 날 갑자기 사자가 되어 사냥감에 달려들 리 없습니다. 처음에는 장난감을 쳐다만 봐도 보상을 합니다. 다음에는 장난감에 터치를 하면 보상을 하고 장난감을 따라 움직이면 보상을 하는 식으로 장난감을 사냥하는 법을 가르칩니다. 반복하다 보면 고양이는 '사냥놀이가 이렇게 좋은 것이구나'를 알게 됩니다. 하루에 세 번씩 한 달 정도만 꾸준히 하면 아무리 장난감에 관심이 없는 고양이라도 분명 효과가 있습니다. '앉아', '기다려'와 같은 훈련이 아닌, 잠자는 본능을 깨우기 위한 훈련이기 때문에 보호자가 포기하지만 않으면 결국 언젠가는 성공하게 됩니다.

병원 데려가는 게 너무 힘들어요

고양이는 병원에만 가면 공격적으로 변합니다. 사람을 좋아하고 애교 많은 고양이도 대부분 하악질을 하거나 방어 자세를 취합니다. 병원에 다니는 수천 마리의 고양이 환자 차트 중에 'aggressive공격적'라고 별칭이 적혀 있는 경우가 있습니다. 하지만 그래봐야 20마리 내외입니다. 너무 적어서 놀랐나요? 고양이가 병원에서 공격적으로 변하는 것은 정상적인 반응입니다. 낯선 적들에게서 자신을 지키기 위한 본능이니까요. 그래서 어느 정도의 공격성은 따로 적어둘 필요가 없는 것입니다.

그러나 아무리 솜씨 좋은 수의사도 통제가 되지 않는 고양이들이 있습니다. 이미 생긴 병원 트라우마로 인해 병원에 들어선 순간부터 죽을 듯이 계속 울어대거나 극도의 공포감으로 대소변 실수를 하기도 합니다. 목숨을 걸고 미친 듯이 달려들며 공격하기도 합니다. 이런 경우 안정제를 처방하면 의외로 상황이 쉽게 해결됩니다.

안정제 처방을 제안하면 보호자들은 절망적인 표정으로 저를 바라봅니다. 시한부 판정이라도 받은 듯한 얼굴입니다.

"정신과 약이라니요. 그런 약까지 먹여야 하나요? 정말 그렇게까지 해야 해요?"

사람들이 정신과 치료에 대해 거부감을 갖는 것과 비슷합니다. 하지만 그렇게 복잡하게 생각할 필요는 없습니다. 사람도 큰일을 앞두면 청심환을 먹지 않나요? 결혼식장에 들어가기 전이나 중요한 프레젠테이션을 앞두고, 혹은 너무 놀랐을 때도 진정하기 위해 먹습니다. 고양이도 마찬가지입니다. 병원 트라우마가 극심한 고양이에게 병원에 가기 전 불안감을 줄여주는 약을 먹이는 것뿐입니다.

병원에 오기 전에 약을 먹이면 4~5시간 정도 효과가 지속됩니다. 이동장에서 대소변 실수를 하는 증상, 미친 듯이 울어대는 증상, 폭발적인 공격성을 보이는 증상 등이 줄어듭니다. 항불안 목적으로 사용하는 약물은 기존의 신경진통제를 사용하는 것이기 때문에 진정 효과와 심신안정 효과를 동시에 기대할 수 있습니다. 부작용도 거의 없어서 병원에서도 자주 처방하는 약물입니다.

약물 투여에 대해 거부감을 가질 필요는 없습니다. 문제행동 발생 시, 환경 개선과 행동 교정 훈련만으로도 증상이 나아질 수 있다면 좋겠지만 정도가 심하다면 약물 투약을 병행할 수 있습니다. 그런 경우 증상이 훨씬 빨리, 그리고 쉽게 개선됩니다. 물론 전문가와의 상담이 선행되어야겠지요.

심각하지 않다면 재훈련(133페이지)을 통해서도 증상이 호전될 수 있습니다. 단, 이미 트라우마가 생긴 지 오래라면 재교육 기간도 오래 걸립니다. 적어도 두 달 이상은 각오해야 합니다.

병원을 옮겨보는 것도 방법이 될 수 있습니다. 다른 분위기의 병원, 특히 고양이친화병원에 가게 되면 전보다 경계심을 덜 느끼는 고양이들이 있습니다. 단, 새로운 병원에 가서 바로 진료나 처치를 받게 되면 이전과 똑같아질 수 있으므로 첫 방문 때는 가벼운 상담만 받고 맛있는 간식으로 보상을 해주고 집으로 돌아갑니다. 이것을 몇 번 반복하면 무조건 병원에 가면 괴로운 일이 생긴다는 기억이 바뀔 수 있습니다.

시간 여유가 있다면 재교육 기간에 자주 병원에 들러주세요. 진료를 받으러 가는 게 아니라 그냥 병원에 가서 간식만 먹고 돌아옵니다. 특히 고양이가 가장 좋아하는 간식은 병원용으로 아껴두세요. 병원에 가면 항상 나쁜 일만 있는 것은 아니라는 인식을 심어줄 수 있습니다. 열 번 중 한 번은 진료를 보고 나머지 아훔 번은 기분 좋은 경험을 하는 식으로 병원 트라우마를 줄여나갈 수 있습니다. 이 방법을 사회화 시기 때부터 하면 가장 좋습니다.

갑자기
사람을 할퀴어요

고양이는 도대체 왜 얌전히 있다가 갑자기 사람을 물거나 할퀴는 걸까요? 이유는 크게 세 가지로 나눌 수 있습니다.

첫째, 집사야, 나는 너를 사냥할 거야.

둘째, 집사야, 그만 만져라.

셋째, 종로에서 뺨 맞았으니 한강에서 화풀이해야겠다!

고양이가 사냥놀이를 하듯 보호자의 신체 일부로 달려든다면 한번 생각해봐야 합니다.

'요즘 사냥놀이를 얼마나 해줬더라? 마지막 사냥놀이가….'

아마 사냥놀이 횟수나 시간이 줄어들었을 확률이 높습니다. 그렇다고 혼자 지루하지 않게 시간을 보낼 수 있는 환경도 아닐 것입니다. 에너지는 남아돌고 사냥은 하고 싶은데 보호자는 사냥놀이를 안 해주고 혼자 놀 만한 것도 없고…. 그러면 고양이는 집 안에서 혼자 사냥을 합니다.

하루 종일 무료했던 고양이에게 가장 자극적인 사냥감은 무엇일까요? 움직이는 손과 발입니다. 보호자가 다니는 길 중간에 매복하고 있다가 사냥감인 보호자의 손과 발이 눈에 띄면 달려듭니다. 이때 고양이를 흥분시킨 것은 움직임입니다. 게다가 공격하면 "아야!" 하고 재미있는 반응이 돌아온다면 더할 나위 없는 좋은 사냥감이지요. 고양이가 보호자의 손과 발을 공격하면 최대한 반응을 보이지 않고 물고 있는 고양이의 입을 밀어내야 합니다. 대부분의 경우 물리면 당겨서 빼려고 하는데, 이런 행위는 오히려 고양이의 도전정신에 불을 붙일 뿐입니다. 가볍게 밀어낸 후 즉시 그 자리를 뜹니다. 이렇게 반복하면 고양이는 '아, 집사는 사냥감이 아니구나'라는 것을 깨닫게 됩니다. 물론 가장 중요한 대응법은 고양이가 에너지를 모두 분출할 수 있는 생활환경을 만들어주고 사냥놀이를 충분히 해주는 것입니다.

보호자의 손이나 발을 사냥감처럼 갖고 노는 고양이도 곤란하지만 사실 가장 이해가 안 되는 것은 골골송까지 부르며 쓰다듬어주는 것을 즐기다가 갑자기 솜방망이를 날리는 고양이입니다. 먼저 와서 부비부비하며 애교를 부리다가 갑자기 공격하는 고양이의 마음은 뭘까요?

우선 고양이가 보내는 그만 쓰다듬으라는 신호를 보호자가 알아차리지 못한 것이 원인일 수 있습니다. 사람 손 쪽으로 머리를 빠르게 돌리거나 꼬리를 '휙' 휘날리는 것은 '불편하니 그만두라'는 몸 언어입니다. 그런데도 그만두지 않으면 손을 살짝 물거나 솜방망이를 날립니다. 이런 경우 고양이의 몸 언어만 잘 이해한다면 얼마든지 피할 수 있습니다.

분풀이 공격도 있습니다. 동네 고양이들이 창밖을 왔다 갔다 하면 집 안에 있는 고양이는 심기가 불편해집니다. 창밖의 길고양이들을 보며 꼬리를 탁탁 치거나 으르렁 대고 있는데 때마침 보호자가 지나가다 고양이를 쓰다듬습니다. 잔뜩 열이 받아 폭발하기 직전인데 옆에서 옆구리를 쿡쿡 찌른 셈입니다. 보호자에게 온갖 신경질을 내며 죽자고 달려듭니다. 이럴 때도 대응은 똑같습니다. 무시하고 자리를 뜹니다. 달래거나 말을 걸지 말고 혼자 흥분을 가라앉힐 수 있도록 그냥 내버려둡니다.

손이나 팔, 다리에 상처가 가득하다면 아마 최근 새끼 고양이를 데려온 보호자일 것입니다. 새끼 고양이는 뭐든 움직이는 물체만 보면 신나게 잘 놉니다. 그래서 보호자는 시간만 나면 손가락을 톡톡 움직여 놀아줍니다. 손으로 놀아주는 건 쉽고 편하지만 절대 해서는 안 되는 방법입니다. 사람의 몸을 깨물고 할퀴어도 괜찮다고 배우게 되니까요. 귀찮더라도 사냥놀이는 정석대로 사냥 장난감을 이용해야 합니다. 만약 사회화가 잘 안 된 새끼 고양이가 사냥놀이 중 물거나 할퀴었다면 "안 돼!" 하고 낮고 단호한 어조로 이야기합니다. 그리고 즉시 사냥놀이를 중단하고 자리를 뜹니다. 그러면 새끼 고양이는 '해서는 안 될 짓을 했구나', '이렇게 하면 재밌는 놀이가 중단되는구나' 하는 것을 알게 됩니다.

행동 교정 전문가와 상담이 필요한 경우도 있습니다. 생후 6개월이 지났는데도 지나친 공격성을 보이거나 평소 공격성이 전혀 없던 고양이가 갑자기 공격성을 보이기 시작한 경우, 사람이 심하게 다치는 상황이 반복될 경우입니다. 만약 중성화 이전이라면 우선 중성화 수술부터 고려해봐야 합니다.

궁금하다옹

Q. 고양이가 물고 놓아주지 않아요!

일반적으로 고양이 발톱이 박히면 발을 당겨 뺍니다. 하지만 고양이 발톱은 갈고리 모양이라 잡아당기면서 빼면 상처만 깊어집니다. 반대로 고양이 쪽으로 밀어야 빠집니다. 고양이가 입으로 물면 입 쪽으로 밀어냅니다. 고양이는 순간 당황합니다. 사냥감은 잡히면 필사적으로 도망가려고 하는데 오히려 자신 쪽으로 슥 다가오니 뭔가 이상합니다. 그래서 입을 벌려 물었던 사냥감을 놓습니다. 풀려나면 그 즉시 고양이를 무시하고 자리를 뜹니다.

이렇게까지 살이 쪄도 괜찮을까 싶어요

세 살 쥐방울은 쥐방울이라는 이름이 무색한 8.7kg의 거구 고양이로, 적정 몸무게의 두 배 가까이 살이 찐 초고도비만 상태였습니다.

“사료를 조금밖에 먹지 않는데도 살이 쪄요.”

많은 보호자들이 결백을 주장합니다. 하지만 범인은 예외 없이 가족 중에 있습니다. 고양이 수의사들의 세미나에서 항상 언급되는 화두가 하나 있습니다.

"고양이 비만의 원인은 집에 있는 어머니다."

쥐방울도 마찬가지였습니다. 보호자의 어머니가 쥐방울에게 사료보다 많은 간식을 종류별로 챙겨주고 있었습니다. 어머니는 쥐방울이 자신을 쫓아다니며 애교를 부리는 모습이 너무 예뻤다고 말했습니다. 쥐방울이 맛있게 간식을 먹는 모습을 보면 당신이 배가 부른 듯 너무 행복했다고요. 쥐방울은 어머니가 집에 오면 현관문까지 나와 반기는 예쁜 고양이입니다. 그런 쥐방울에게 맛있는 것을 먹이고 싶었던 것입니다.

고양이는 빈틈을 누구보다 잘 알아챕니다. 누구에게 가야 먹을 것이 나오는지 정확하게 파악하고 있습니다. 그리고 집요하게 공략합니다. 어머니에게 먹을 것을 달라고 조르면 언제나 성공합니다. 고양이에게 다이어트가 필요한 상황이라면 가족 모두에게 동의를 구하고 예외 없이 규칙을 지키겠다는 약속을 받아야 합니다. 단 한 명의 구멍이라도 생기면 다이어트는 실패로 돌아갑니다.

체중은 거짓말을 하지 않습니다. 비만하다는 것은 어쨌거나 많이 먹고 있다는 증거입니다. 고양이가 하루에 어느 정도의 칼로리를 섭취하고 있는지 정확히 계산하기는 쉽지 않습니다. 보호자가 생각하기에 많이 먹는지 적게 먹는지는 사실 중요하지 않습니다. 살이 쪘다면 섭취량을 줄여야 합니다.

자율급식을 하고 있다면 제한급식으로 바꾸는 것이 우선입니다. 자율급식을 하면서 사료 양만 줄이면 한 번에 다 먹고 하루 종일 밥을 달라고 뒤를 졸졸 따라다닙니다. 다이어트 처방식으로 바꿔도 자율급식을 하면 효과가 떨어지거나 없습니다. 보호자가 직접 제한급식을 해줄 수 없다면 정해진 시간마다 자동으로 사료가 나오는 급식기를 이용하는 방법이 있습니다.

우선 하루 섭취량을 확인합니다. 3일 동안 매일 비슷한 시간에 미리 계량해놓은 충분한 양의 사료를 급여한 뒤, 다음 날 남아 있는 양을 빼서 평균 식사량을 파악합니다. 그리고 평균 식사량의 10%를 줄여 급여하고 일주일 뒤 체중을 체크합니다. 목표는 일주일 동안 체중의 1%를 감량하는 것입니다. 목표에 미치지 못했다면 다시 급여량을 10% 줄이고 만약 목표를 초과했다면 급여량을 5% 정도 늘립니다. 무리한 다이어트가 오히려 건강을 해칠 수도 있으니까요. 이와 같은 방법으로 매달 5%씩 체중 감량을 진행하고 최종 목표 체중에 이를 때까지 다이어트를 지속합니다.

꼭 다이어트 처방식일 필요는 없습니다. 입맛이 까다로운 고양이들은 처방식을 거부하기도 합니다. 그런 경우 기존 사료 양을 줄여서 급여하면 됩니다. 처방식이 다이어트에 도움을 줄 수는 있지만 다이어트의 성공을 보장하는 만능키는 아닙니다.

비만 고양이들은 대부분 활동량이 현저히 떨어집니다. 사냥놀이에도 흥미를 보이지 않습니다. 이때는 집 안 곳곳에 먹이퍼즐을 놓아주어 집중하고 노력해야만 음식을 먹을 수 있다는 것을 알려줍니다. 야생에서 사냥을 하듯, 노력해서 먹이를 얻어야 야생의 본능이 다시 살아날 수 있습니다. 밥을 달라고 조를 때는 사냥놀이로 주의를 돌리는 것도 방법입니다.

이에 따라 쥐방울에게 내려진 다이어트 처방은 다음과 같습니다.

첫째, 제한급식을 한다.

둘째, 불쌍하게 울어도 절대 간식을 주지 않는다.

셋째, 외출할 때 집 안 곳곳에 사료를 숨겨두고 먹이퍼즐을 여러 개 두고 나간다.

넷째, 하루 급여량을 넘기지 않는다.

다이어트 관리를 하고 있는 고양이들의 공통점은 10% 정도 체중감량이 진행된 시점부터 평소 활력과 움직임, 그리고 사냥놀이에 대한 반응도가 놀랄 만큼 증가한다는 점입니다. 선순환이 시작되는 시점이지요. 항문 주변에 그루밍이 가능해지고 평소 잘 올라가지 못했던 탁자에도 가뿐히 올라가는 모습에 보호자들은 놀랍니다. 적절한 사냥놀이가 병행된 경우 먹을 것에 대한 집착도 훨씬 줄어듭니다. 사냥놀이 후 소량의 간식만을 제공해도 고양이들은 그전보다 만족할 수 있습니다.

흔히 하는 말이 있습니다. 뺀 체중을 유지해야 진짜로 다이어트에 성공한 것이라고요. 고양이들도 다이어트 요요가 오는 경우가 많습니다. 사람과 다른 점은 고양이가 실패한 것이 아니라, 보호자가 실패한다는 점입니다. 배가 고픈 고양이들은 공통적으로 보호자를 따라다니며 먹을 것을 달라고 귀찮게 합니다. 새벽에도 먹을 것을 달라고 잠을 깨웁니다. 결국 참다 지친 보호자가 사료나 간식을 주게 됩니다. 고양이가 다이어트에 실패하는 전형적인 스토리입니다. 사람 다이어트보다 더 독하게 마음을 먹어야 하는 게 고양이 다이어트라는 사실을 잊지 마세요.

어느 날
대소변 테러가 시작됐어요

용이는 제가 7년째 주치의로 돌보고 있는 고양이입니다. 그동안 잔병치레도 거의 없이 잘 지내던 용이가 어느 날 구토 증상으로 병원에 왔습니다. 요즘 컨디션이 어땠는지 보호자에게 물어봤더니 최근 들어 방바닥에 대소변을 본다고 했습니다. 그리고 빈도수가 점점 늘고 있다고요. 처음에는 화장실 옆에 대변이 떨어져 있는 정도였는데 이제는 평소 숨어 있는 공간 주변에도 대변이 떨어져 있다고 했습니다. 하지만 예전에 비해 하루 배변의 양은 많이 줄어들었다고 했습니다. 화장실 위치도, 모래도, 집 안 환경도 모두 다 그대로인데 도통 이유를 알 수 없었습니다.

엑스레이 사진을 찍은 뒤에야 그 이유를 알 수 있었습니다. 어깨와 무릎에 심한 관절염이 있다는 게 발견된 것입니다. 관절염이 심하면 배변자세를 잘 취할 수 없기 때문에 배변 실수와 변비를 동반하는 경우가 많습니다. 구토의 원인은 변비였습니다. 대장이 대변으로 꽉 차 있지만 정상적으로 배변을 할 수 없어서 구토를 했던 것입니다. 모든 것이 그대로였지만 용이의 노화, 즉 관절염이 대변 실수와 구토의 진짜 원인이었습니다.

지금은 어떨까요? 매일 집에서 진통제로 관절염을 관리한 후 용이는 배변 실수를 하지 않습니다. 하루 종일 구석에만 숨어 있던 모습도 바뀌어서 지금은 활발하게 집 안을 누비며 잘 살고 있다고 합니다.

어느 날부터인가 고양이가 대소변 실수를 하기 시작하면 당황스러울 수밖에 없습니다.

"고양이는 모두 대소변을 가리는 거 아닌가요? 화장실을 잘 쓰다가 갑자기 왜 이러는지 모르겠어요. 대소변을 실수한 곳에 데려가서 '이거 네가 그런 거지?' 하며 혼내기도 하고, 대변을 보는 걸 보면 바로 들어서 화장실로 옮겨주기도 했지만 도무지 나아질 기미가 없어요."

고양이가 어느 날부터 대소변 실수를 한다면 이유는 대부분 다음과 같습니다.

첫째, 어딘가 아픈 것입니다. 특히 방광염, 장염, 관절염 같은 질환이나 내과질환이 원인일 수 있습니다. 소변을 찔끔찔끔 여기저기 보는지, 변 상태가 무른지, 평소 올라가던 높이를 잘 못 오르는지 등을 체크해보면 단서를 찾을 수 있습니다.

둘째, 영역에 대한 불안감 때문입니다. 최근 합사를 했다든지 창밖으로 길고양이들이 나타난다든지 하면 영역에 대한 불안감 때문에 대소변으로 영역 표시를 하려는 습성이 있습니다.

셋째, 화장실이 마음에 들지 않아서입니다. 화장실 크기, 개방 유무, 모래 재질, 청결도, 너무 구석지지 않고 소음이 없는 위치인지 체크해보아야 합니다.

대소변 실수는 어느 날 갑자기 시작된 것처럼 보여도 원인은 훨씬 전에 시작되었을 수 있습니다. 고양이가 대소변 실수를 할 수밖에 없는 원인을 잘 찾아보세요. 원인을 제거해주는 것이 우선입니다.

고양이가 화장실이 아닌 곳에서 대소변을 봤다고 혼을 내거나 벌을 주어서도 안 됩니다. 그러면 고양이는 대소변을 보면 혼날 것이라고 생각해서 더 눈에 띄지 않는 구석진 곳을 찾거나 보호자가 외출할 때까지 대소변을 참아서 방광염이나 변비에 걸릴 수 있습니다. 그럼 이제부터 다시 화장실을 사용하게 만드는 재교육법을 소개하겠습니다.

1단계, 대소변 흔적 지우기

고양이가 실수한 장소를 찾아내 대소변 냄새를 완벽하게 지웁니다. 고양이는 사람보다 후각이 훨씬 발달했기 때문에 조금이라도 냄새가 남아 있으면 그곳에 다시 영역 표시를 할 수 있습니다. 특수 검출용 라이트블랙라이트로 벽과 바닥을 비춰 눈에 보이지 않는 소변 흔적까지 찾아낸 후 냄새를 완벽하게 지웁니다. 이때 반드시 반려동물 대소변 얼룩이나 악취 제거 전용 효소 탈취제를 사용해야 합니다. 일반 세제로만 닦으면 냄새가 완벽하게 제거되지 않습니다.

2단계, 대소변 실수 장소에 대한 인식 바꾸기

대소변 냄새를 완전히 지운 후, 그곳에 새로운 개념을 만들어줍니다. 가장 좋은 방법은 배변 실수를 하던 곳에서 신나게 놀아주고 간식을 주는 것입니다. 고양이는 먹고 노는 곳을 화장실로 사용하지 않습니다. 실수하던 장소에 사료그릇과 물그릇을 놓는 방법도 있습니다. 여러 군데라면 장소마다 한 개씩 작은 그릇을 놓습니다. 단, 하루 사료 총 섭취량을 계산해서 조절해야 합니다.

3단계, 영역 불안감 해소시키기

배변 실수가 영역 표시 목적이라면 대소변 실수 장소에 고양이 합성 페로몬제상품명 feliway를 뿌리거나 스크래처를 세워둡니다. 합성 페로몬제와 스크래칭을 통해 영역 표시 본능을 해소할 수 있습니다. 고양이들 사이의 충돌이 원인이라면 재합사 과정과 영역 확장이 필요합니다. 모든 고양이가 마음껏 집 안을 편안하게 활보할 수 있다면 영역 불안으로 인한 대소변 실수는 발생하지 않게 됩니다. 또한 집 밖의 길고양이가 자꾸 시야에 들어온다면 고양이가 그쪽 창밖을 볼 수 없도록 가려주는 것도 방법입니다. 물론 길고양이가 나타나지 않는 다른 창문을 제공해줘야 합니다.

4단계, 화장실 자체의 문제 해결하기

고양이가 가장 선호하는 재질의 모래를 찾아서 제공하고 현재 화장실의 개수와 위치를 다시 살핍니다. 화장실의 크기는 몸

길이의 1.5배의 것을 추천합니다. 다묘 가정이라면 화장실 위치가 한곳에 모여 있지 않도록 분산해서 배치해야 하며 언제든 주변을 살필 수 있도록 베란다 끝 등의 막다른 길 끝이 아닌 조용하고 개방된 공간을 찾아 배치해야 합니다. 화장실 청결도의 유지를 위해서는 기본적으로 하루 2회 대소변을 치우고 2주에 한 번은 전체 화장실 청소 및 모래갈이를 해주세요.

궁금하다옹

Q. 중성화 수술 후에도 스프레이를 계속해요!

해결 방법은 대소변 실수 재교육법과 동일합니다. 냄새를 완전히 지우고 그곳에 스크래처를 놓거나 안면 페로몬을 묻혀서 다른 방법으로 영역 표시를 할 수 있게 해줍니다. 손에 깨끗한 양말을 끼고 페로몬이 분비되는 고양이 뺨을 문지른 후 그대로 스프레이하던 장소에 문지르면 됩니다. 또한 시중에서 판매하는 합성 페로몬제를 쓰는 것이 도움될 수 있습니다. 재교육법을 실시해도 문제가 교정되지 않는다면 수의사에게 항우울제 처방에 대해 상담해보세요.

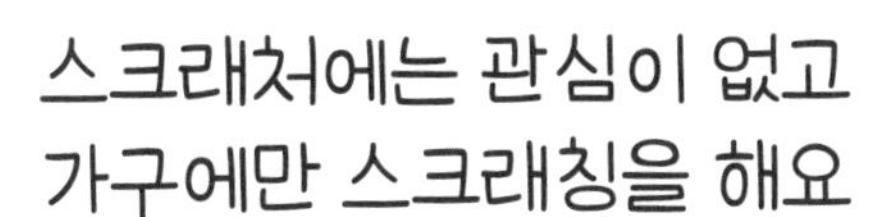

스크래처에는 관심이 없고 가구에만 스크래칭을 해요

"고양이가 소파를 긁으면 그냥 비싼 스크래처를 사줬다고 생각합니다."

고양이와 함께 살면서 참아야 되는 일이 한두 가지가 아닌데 굳이 스크래칭 문제까지 포기할 필요는 없습니다. 어쩔 수 없다고 받아들이는 것은 화장실 모래로 인한 '사막화'면 충분합니다.

처음부터 충분한 스크래처들을 적절한 장소에 배치해 다른 곳에 스크래칭하는 것을 예방하는 것이 좋습니다. 고양이 네 마리를 함께 기르는 집에 방문한 적이 있습니다. 집 안에 스크래처가 하나도 보이지 않았음에도 불구하고 집에 있는 가구, 특히 소파가 너무 깨끗해서 신기했습니다. 그런데 소파 바닥을 보고 깜짝 놀랐습니다. 소파 바닥이 찢어져 곧 쏟아지기 직전이었습니다. 그때 알게 되었습니다. 고양이들이 소파 밑을 스크래처로 쓰고 있었던 것을요.

"어차피 망가졌는데 새로 사면 됩니다."

이런 너그러운 마음도 문제 해결에는 도움이 안 됩니다. 새 소파를 사와도 문제행동은 계속될 수 있습니다. 고양이는 새 소파에 발톱을 갈면 안 된다는 논리를 이해하지 못하니까요. 상담을 해보면 많은 경우 스크래처가 없는 게 근본적인 원인이지만 스크래처가 있어도 여전히 가구를 긁을 수 있습니다. 우선 집의 스크래처 상태를 체크해봅니다.

첫째, 기둥형 스크래처와 발판형 스크래처가 모두 있는가?

둘째, 스크래처는 스크래칭을 하면 흔들림 없이 고정되어 있는가?

셋째, 스크래칭을 하고 싶은 장소에 스크래처가 놓여 있는가?

고양이 취향은 제각각입니다. 기본적으로 수직형 스크래처를 선호하지만 수평형을 좋아하는 고양이도 있습니다. 긁히는 느낌이나 소리도 각자 취향이 있습니다. 스크래처가 하나뿐이라면 다양한 종류의 스크래처를 배치해보세요. 수평, 수직, 면줄, 골판지 등 다양한 형태와 재질을 시도하다 보면 고양이 취향에 딱 맞는 스크래처를 찾을 수 있습니다.

스크래처 장소가 마음에 들지 않을 수도 있습니다. 장소를 이리저리 옮겨보세요. 햇빛이 잘 들어오는 자리나 평소 자주 쉬는 자리 또는 사람들이 오가는 현관 입구로 옮겨주면 의외로 사용하지 않던 스크래처를 잘 사용하는 경우가 있습니다. 집 안의 스크래처를 재점검한 후 다음 내용에 따라 본격적으로 스크래칭 재교육에 들어갑니다.

1단계, 양면테이프 활용하기

스크래칭하는 장소에 투명 양면테이프를 붙입니다. 끈적여서 스크래칭을 할 수 없게 됩니다. 고양이가 딛는 바닥에 양면테이프를 붙이는 방법도 있습니다. 해외에는 가구에 손상 없이 붙였다가 뗄 수 있는 전용 제품들이 있지만 안타깝게도 국내에는 아직 없습니다. 그러므로 양면테이프를 적극 활용합니다.

2단계, 스크래처 놓기

기존 스크래칭 장소 옆에 수직형 스크래처를 놓습니다. 스크래칭을 하러 왔다가 옆에 더 좋은 스크래처가 있다는 것을 알게 됩니다.

여전히 스크래처에 발을 대려고 하지 않는 고양이도 있습니다. 이런 경우 고양이에게 스크래처가 발톱을 가는 곳이라는 것을 '알려주는' 실수를 저지르기 쉽습니다. 고양이를 스크래처 앞에 데려다가 앞발을 붙잡고 스크래처에 대고 갈라고 강요합니다. 이때 고양이 머릿속에는 '놓아라!'는 한 가지 생각만 맴돌고 있습니다.

대부분의 고양이들이 앞발 만지는 것을 싫어합니다. 또한 스크래처 앞에서 이런 낭패를 당했으니 그곳은 기분 나쁜 곳으로 인식됩니다. 보호자가 자신의 앞발을 붙잡고 괴롭히던 장소일 뿐입니다. 고양이 앞발을 가져다 긁는 것보다는 고양이가 보는 데서 보호자가 직접 부드럽게 긁어보는 게 낫습니다. 긁는 소리를 들으면 고양이도 긁고 싶어지니까요.

스크래처에 발을 대려고 하지 않는다면 자연스럽게 발을 대게 합니다. 가장 자연스러운 것은 그 근처에서 사냥놀이를 하는 것입니다. 사냥감을 잡겠다고 앞발을 휘젓다 보면 스크래처에 닿게 되고 자연스럽게 그 느낌을 알 수 있습니다.

스크래처를 사용하게 되었다고 해서 어느 날 갑자기 소파 옆에 세워두었던 스크래처를 구석으로 옮기지 말아주세요. 고양이는 환경이 갑자기 바뀌는 것에 불안감을 많이 느낍니다. 스크래처를 하루 빨리 소파 옆에서 치워버리고 싶겠지만 조금씩 위치를 옮겨야 합니다. 점차 원하는 자리로 스크래처를 이동시킨 후 고양이가 완전히 스크래처에 적응하면 그때 가구에 붙였던 양면테이프를 벗겨냅니다.

재훈련 기간을 단축하고 싶다면 클리커 보상을 추가해도 좋습니다. 처음에는 스크래처에 앞발을 대면 클리커를 누르고 보상하여 최종적으로 스크래칭을 하는 단계까지 나아갑니다.

음식만 보면 달려들어요

"절대 사람 음식을 주면 안 됩니다."

모르지 않습니다. 주지 않고선 못 배기게 만드니까 문제입니다. 줄 때까지 울어대고 그래도 안 주면 음식을 낚아채 달아납니다. 입안에 손가락을 넣어 꺼내보기도 하고 소리를 질러도 보고 분무기로 물도 뿌려봅니다. 깜짝 놀란 고양이가 손을 물기도 하고 허둥지둥 도망을 치기도 합니다. '사람 음식을 먹으면 안 되는구나' 하고 깨달았을까요? 아닙니다. 고양이는 보호자의 행동이 무엇을 의미하는지 이해하지 못합니다. 그냥 '집사가 왜 저러지?'라고 생각합니다.

평소에는 식탁에 올라가도 내버려두다가 보호자가 밥을 먹을 때만 접근 금지를 시킨다면 고양이는 이해하지 못합니다. 아예 식탁은 올라갈 수 없는 공간이라고 처음부터 알려주어야 합니다. 음식에 접근하지 못하도록 하는 게 아니라, 식탁에 접근하지 못하도록 하는 것이 중요합니다. 기본적인 원칙은 2가지입니다.

첫째, 사람은 식탁에서만 음식을 먹는다.
둘째, 고양이는 식탁 위에 올라가지 못한다.

서로 이것만 지킨다면 평화로운 식사 시간을 가질 수 있습니다. 사람이 식탁 위에서만 음식을 먹는 문제는 사람이 알아서 잘하면 됩니다. 그럼 고양이는 어떻게 식탁 위에 올라가지 못하게 할까요?

우선 간단한 방법부터 시도해볼 수 있습니다. 식탁에 앉아 음식을 먹고 있을 때 고양이가 음식을 얻어먹기 위해 식탁에 올라오면 바로 고양이를 들어서 바닥에 내려놓습니다. 이때 혼내거나 벌을 주는 등 요란한 반응을 보이지 말고 조용히 행동합니다. 고양이와 눈도 마주치지 않습니다. 그렇게 몇 번 내려놓으면 포기가 빠른 고양이는 식탁 위에 올라가봐야 아무것도 얻지 못한다는 것을 깨닫고 다른 곳으로 갑니다.

이 방법이 효과가 없다면 원하지 않는 행동을 하지 않도록 유도하는 클리커 훈련법을 시도해볼 수 있습니다. 바로 스툴을 이용하는 훈련법입니다. 사람이 식탁에서 음식을 먹고 있을 때 식탁 위에 올라오지 않고 스툴에서 기다리게 할 수 있습니다.

먼저 식탁 근처에 스툴을 놓고 그 위에 올라가는 훈련을 합니다. 처음에는 스툴을 만지기만 해도 클리커 → 보상, 스툴 위에 올라오면 클리커 → 보상, 스툴 위에 올라가면 1을 세고 클리커 → 보상, 3까지 세고 클리커 → 보상…. 이런 식으로 스툴 위에 앉아 있는 시간을 점차 늘려갑니다. 하루 두세 번 10분 정도 씩 연습합니다. 고양이가 식탁 위에 올라오면 보상이 없고 스툴 위에 앉아 있으면 보상이 생긴다는 것을 알게 되어 더 이상 식탁 위로 올라오지 않게 됩니다.

평소 식탁 위에 음식을 놓아두지 않는 것도 중요합니다. 식사 시간 외에는 고양이에게 유혹이 될 수 있는 음식을 절대 노출시키지 않아야 합니다. 식사를 할 때 음식을 달라고 조르면 사람의 식사 시간과 고양이의 식사 시간을 맞추는 것도 방법입니다. 사람은 여기서 먹고 고양이는 저기서 먹고, 이런 전략이 오히려 쉽고 간단한 해결법일 수 있습니다. 또 다른 방법으로 먹이퍼즐을 활용할 수 있습니다. 식사 때 먹이퍼즐로 관심을 돌려보세요. 꽤 효과가 있습니다.

매일 밖으로
나가고 싶어 해요

"외출하지 못하게 막았더니 계속 울어대요. 그래도 문을 열어 주지 않으니까 밥을 안 먹어요."

쥬디는 보호자와 함께 미국에서 살다 한국으로 들어온 고양이입니다. 미국은 우리나라처럼 집에서만 생활하는 고양이 외에도 마당에서 놀거나 혼자 외출하는 고양이가 많습니다. 쥬디도 미국에 있을 때는 외출하는 고양이로 살았습니다. 그러다 한국으로 이사를 오면서 더 이상 외출을 하지 못하게 된 것이지요.

서울은 고양이가 외출하기에 적절하지 않은 도시니까요. 하지만 쥬디는 집 안에서만 머무는 것에 적응하지 못했습니다. 문이 열리기만 하면 밖으로 뛰쳐나갔습니다.

그래도 처음에는 집 근처 가까운 곳에만 머물렀습니다. 보호자가 따라가면 금방 찾을 수 있는 곳에 있었습니다. 그런데 시간이 갈수록 점점 더 보호자가 찾을 수 없는 곳까지 활동 반경을 넓혀갔습니다. 급기야 아침에 나가면 밤이 되어야 돌아온다고 합니다. 외출을 막을 수도 없습니다. 문을 안 열어주면 열어줄 때까지 울음을 멈추지 않고 밥도 먹지 않으니까요.

쥬디처럼 사회화 시기에 외출하는 고양이로 살다가 어느 날부터 외출을 못 하게 되면 집 밖으로 뛰쳐나가는 고양이가 되기 쉽습니다. 길고양이 성묘를 집으로 데려온 경우도 바깥에서 생활하던 습관이 남아 있어 자꾸 나가려고 하는 경우가 있습니다. 기본적으로 고양이는 영역 동물이기 때문에 한 번 영역이 확장되고 나면 재교육이 매우 어렵습니다. 그렇기 때문에 처음부터 집고양이로 길러야겠다고 마음먹었다면 고양이가 바깥세상의 매력을 알게 되기 전에 즉시 행동 교정에 들어가야 합니다.

고양이에게 외출이 꼭 필요할까요? 외출을 하는 고양이는 더 행복할까요? 사람이 고양이 마음을 정확히 알 수는 없습니다. 그러나 확실한 것은 외출하는 고양이가 되면 수명이 평균 3년 정도 줄어든다는 사실입니다. 외출과 수명을 맞바꾸는 셈입니다. 게다가 집 안의 환경이 충분히 매력적이라면 대부분의 고양이들은 외출 없이 묘생을 행복하게 보낼 수 있습니다.

고양이가 창가에 앉아서 밖을 바라보는 모습을 보면 보호자들은 '나가고 싶구나' 생각하며 안쓰러워합니다. 그런데 꼭 밖으로 나가고 싶어서 창가에 앉아 있는 게 아닙니다. 창밖으로 날아가는 새나 곤충 등을 보며 사냥 욕구를 해소하고 있는 것입니다. 고양이가 배를 보인다고 해서 꼭 배를 만져달라는 의미가 아닌 것처럼 말이지요. 나가고 싶어서 그런다고 오해해서 진짜 밖으로 내보내면 더 큰 위험에 빠뜨릴 수 있습니다.

우선 외출을 하게 된 이유를 알아야 외출을 막을 수 있습니다. 추측하기 가장 쉬운 이유는 집 안이 너무 단조롭기 때문입니다. 고양이의 흥미를 충족시켜주지 못하니까 밖이 더 궁금해집니다. 집 안 환경이 풍부한지, 사냥놀이로 에너지 소모를 충분히 시켜주고 있는지 체크해봐야 합니다.

믿기 어렵겠지만 문만 열면 튀어나가는 쥬디는 창가에 캣타워를 설치하고 주기적으로 사냥놀이를 해주자 탈출 버릇이 고쳐졌습니다. 고양이가 생활하는 영역이 비좁고 욕구가 충족이 되지 않아서 문만 열리면 달려나갔던 것입니다. 고양이의 문제행동이 겉으로 볼 때는 난감해보여도 사실 아주 기본적인 것이 해결되면 자연스럽게 사라지는 경우가 많습니다. 문제행동의 특별한 해법을 찾기보다는 기본적인 환경이 갖추어졌는지부터 확인해봐야 합니다. 기본적인 환경이 모두 갖추어져도 외출 습관이 고쳐지지 않는다면, 다음과 같은 훈련을 시도할 수 있습니다.

첫째, 문을 열어달라고 울어도 완벽하게 무시합니다. 예외는 없습니다.

둘째, 집 안 환경을 풍부하게 꾸며줍니다.

셋째, 사냥놀이와 먹이퍼즐을 통해 야생의 본능을 충족시켜 줍니다.

넷째, 보호자가 외출하기 위해 문을 연 순간 뛰쳐나가는 행동은 클리커를 이용한 '앉아' 훈련으로 교정합니다. 앉으면 클리커 → 보상, 앉고 1을 세고 클리커 → 보상, 앉고 3까지 세고 클리커 → 보상, 이런 식으로 점차 앉아 있는 시간을 늘려갑니다.

다섯째, 보호자가 귀가해서 문을 연 순간 뛰쳐나가는 행동은 레이저 포인터로 예방합니다. 문을 살짝 열고 레이저 포인터를 쏘아 고양이를 집 안으로 유도합니다. 레이저 포인터를 따라 집 안으로 들어간 고양이에게 칭찬이나 간식 보상을 해줘 집 안으로 들어오는 일이 즐겁다는 것을 알려줍니다. 단, 레이저 포인터는 자극이 너무 강하기 때문에 행동 교정 시 짧게 사용합니다.

고양이에게 산책은 개와 같은 필수 요소가 아닙니다. 오히려

'우리 집 고양이는 산책도 할 수 있어!'라는 보호자들의 로망이 산책을 하게 하는 원인이 되기도 합니다. 전원주택이라서 마당이 있거나 옥상 공간이 있다면 '제한적 산책'을 시도해볼 수 있습니다. 특히 뱅갈 고양이처럼 집 안에서의 생활만으로는 활동량이 충족되지 않는다면 고려할 수 있습니다. '제한적 산책'이란 보호자와 함께하는 산책을 의미합니다. 따라서 하네스 착용이 기본 전제 조건입니다. 아무리 '제한적 산책'이라도 산책 중 발생할 수 있는 돌발 상황에 대처하기 위해서는 가슴줄이 필수입니다.

일단 산책을 시작하면 매일 같은 시간에 같은 패턴으로 산책을 시켜야 합니다. 산책을 하지 않는 날은 고양이가 큰 스트레스를 받을 수 있습니다. 또한 산책 중 길고양이들과 맞닥뜨리게 되었을 때 고양이들끼리 싸움이 생기고 이를 말리려던 보호자까지 공격 당하는 일을 종종 보게 됩니다. 이런 모든 점을 감안하면서까지 산책을 꼭 해야 하는 이유가 있을까요? 집 안의 풍부한 환경과 주기적인 사냥놀이만으로도 대부분의 고양이들이 만족하고 행복감을 느낄 수 있는 데도 말입니다. 그러니 산책보다는 집 안에서 다양한 즐길 거리로 에너지를 소비할 수 있도록 도와주는 것이 훨씬 현실적이고 안전한 방법입니다. 그것만으로도 고양이는 충분히 행복하게 살 수 있습니다.

자해하듯 자신을 괴롭혀요

"어느 날 집에 돌아왔는데 온 집 안에 핏자국이 낭자했어요. 그리고 티거 몸 여기저기 상처가 있었어요."

티거가 집 안을 돌아다니다가 날카로운 것에 베인 걸까요? 아닙니다. 티거 스스로 자신의 꼬리를 물어뜯어서 생긴 상처였습니다.

티거는 틈만 나면 강박적으로 그루밍을 했습니다. 한번 시작하면 멈추지 않고 피가 날 때까지 계속했습니다. 그루밍을 하면서 털을 뜯는 습관까지 생겼습니다. 털을 하도 뜯어서 붉은 피부가 드러나고 여기저기 피가 나고 상처가 생기고 진물이 나고 딱지가 앉았습니다. 입이 닿는 곳이라면 성한 곳이 없었습니다. 처음에는 꼬리에 관심을 갖고 쫓는 듯한 모습을 한두 번 보였을 뿐인데, 어느 날부터 꼬리의 뼈가 드러날 정도로 물어뜯어서 결국 동물병원까지 가게 되었습니다.

보호자는 할 수 있는 모든 노력을 다했습니다. 꼬리 상처가 나을 수 있도록 연고를 바르고 드레싱을 해줬습니다. 그루밍을 못하게 넥카라도 씌우고 옷도 직접 만들어 입혔습니다. 하지만 티거는 몸통을 핥을 수 없으면 발끝이라도 핥고 털을 뜯었습니다. 하도 핥아서 옷이 금방 해지고 뜯어졌습니다. 그러면 뜯어진 옷 틈 사이로 입을 넣고 또 털을 뽑았습니다. 티거가 그루밍을 시작하려고 하면 보호자가 장난감을 흔들며 주의를 끌어보기도 했습니다. 하지만 아무 소용이 없습니다. 보호자는 이야기를 하며 티거에 대한 미안함으로 눈물을 글썽였습니다.

· 과도한 그루밍

· 털 뽑기

· 꼬리 공격

· 특정 부위 자해

· 이식증 특정 재질에 집착해서 먹고 토하는 증상

고양이가 이와 같은 행동을 보인다면 우선 병원에 데려가 건강에 이상이 없는지 확인을 해야 합니다. 몸이 아픈 것도 큰 스트레스 요인이라서 문제행동이 나타날 수 있습니다. 티거는 계속 병원에 다니며 건강 검진도 받고 피부 치료도 받았기 때문에 건강 문제는 아닌 것으로 보였습니다. 건강 문제가 아니라면 스트레스로 인한 문제행동으로 볼 수 있습니다. 티거의 과도한 그루밍과 털 뽑기는 스트레스로 인한 강박 증상의 전형이었습니다. 강박 행동이 나타나면 보호자들은 어떻게 못하게 할지부터 고민합니다. 하지만 순서가 바뀌었습니다. 먼저 고민해야 할 것은 이런 모습을 보이게 된 원인부터 찾는 것입니다.

보호자가 티거를 위해 했던 노력들은 과도한 그루밍과 털 뽑기로 인한 피부 감염과 상처를 치료해주고 그루밍을 못하게 넥카라를 씌우거나 옷을 입힌 것입니다. 하지만 좀 더 근본적인 원인에 대해 고민해봐야 합니다.

티거에게는 무엇이 근본적인 원인이었을까요?
1년 동안 무슨 일이 있었기에 티거의 자해가 시작된 걸까요?

티거는 부부 보호자와 나름의 행복을 즐기며 살아가고 있었습니다. 그러던 중 보호자가 임신을 하게 되고 아기가 태어났습니다. 자연스럽게 보호자의 관심이 아기에게 쏠리게 되자 티거는 점차 소외감을 느끼게 되었습니다. 아이가 있기 때문에 안방은 당연히 출입금지가 되었지요. 그전까지 티거가 보호자와 함께 잠을 청하던 곳이었는데도 말입니다. 물론 보호자도 할 말이 있습니다. 맞벌이를 하며 아침부터 아이를 돌보고, 직장에서 일을 하고, 돌아와서 청소도 빨래도 아이 케어도 해야 합니다. 그러던 중 자연스럽게 티거는 우선순위에서 밀리게 되었습니다.

티거에게는 이 사실이 큰 충격이었습니다.

저는 보호자에게 생활계획표를 만들어보라고 권했습니다. 절대로 시간을 낼 수 없는 시간을 제외하고 티거를 위한 시간을 만들어 계획표에 넣으라고요. 아무리 바빠도 정기적으로 사냥놀이를 할 수 있도록 말이지요. 그렇게 기상 후 6시부터 잠자리에 드는 12시까지 세 번의 사냥놀이 시간이 만들어졌습니다. 앞서 말했듯 사냥놀이에 한 시간씩 필요하지 않습니다. 출근 전에 10분, 퇴근 후에 10분, 잠자기 전에 10분, 이렇게 10분씩 세 번, 최소 30분이면 충분합니다. 그리고 먹이 보상을 해주세요. 고양이에게 사냥놀이는 의식주와 같습니다. 집고양이에게 사냥놀이는 스트레스 해소에 너무 중요한 부분입니다.

다음은 하루 종일 혼자 있어야 하는 티거에게 사료 급여량의 30%를 다양한 먹이퍼즐을 통해 급여하도록 했습니다. 혼자 있는 시간에도 집중하고 효율적으로 에너지를 소모할 수 있는 장치가 필요했습니다. 하지만 이것만으로 문제행동을 해결하기에는 역부족이었기에 항우울제 투약도 병행했습니다.

그 후 티거는 어떻게 되었을까요? 3개월 동안 생활계획표대로 꾸준히 사냥놀이를 해주고 혼자 있어도 심심하지 않도록 집안 곳곳에 장치를 마련해주자 티거의 자해 행동은 서서히 줄어들었습니다. 현재는 항우울제 처방을 중단한 상태임에도 티거는 더 이상 꼬리를 물어뜯지 않습니다.

기존의 생활 루틴이 바뀌고 야생의 본능과 에너지가 충분히 소모되지 않으면 고양이들은 불안하고 초조해지고, 이것이 강박 행동으로 나타나게 됩니다. '어떻게 하면 못하게 할 수 있을지'가 아니라 '왜 그런 행동을 하는지'에 대한 근본적인 원인부터 찾아보세요. 의외로 아주 기본적인 사항을 놓치고 있었을 수도 있습니다.

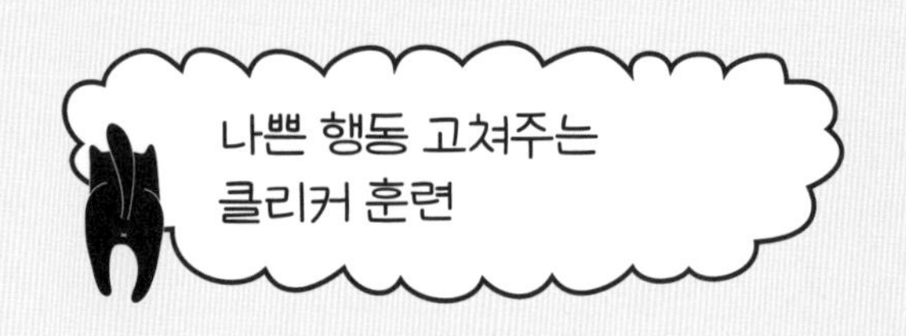

나쁜 행동 고쳐주는 클리커 훈련

고양이의 문제행동을 고치는 매우 효과적인 훈련법을 소개하겠습니다. 클리커라는 제품을 사용합니다. 볼펜의 '딸깍' 소리를 이용해도 됩니다. '그 행동을 하면 이 소리가 나고 보상이 있을 거야'를 알려주는 훈련법입니다. 반대도 마찬가지입니다. '그 행동을 하지 않으면 이 소리가 나고 보상이 있을 거야'를 알려줄 수 있습니다. 문제행동을 교정할 때 요긴하게 사용할 수 있습니다. 기본적인 훈련 순서는 다음과 같습니다.

🐾 1단계, 클리커 누르고 먹이 보상하기

우선 '클리커 소리=맛있는 간식'이라는 것을 알려줍니다. 클리커로 '딸깍' 소리를 낸 후 즉시 먹이 보상을 합니다. 고양이는 집중력이 짧으므로 매일 5분 이내로 2~3회 반복하고 집중력이 흐트러지기 전에 중단합니다.

🐾 2단계, 원하는 행동을 할 때 클리커 누르고 먹이 보상하기

스크래처에 관심이 없는 고양이가 스크래처에 관심을 보일 때, 식탁에 올라오는 고양이가 식탁에 올라오지 않고 스툴에 앉아 있을 때 등 고양이가 보호자가 원하는 행동을 할 때 즉시

클리커를 누르고 먹이 보상을 합니다. 반복하면 '특정 행동=클리커 소리=맛있는 간식'이라는 사실을 알게 됩니다.

3단계, 원하지 않는 행동할 때 무시하고 떠나기

반대의 경우도 마찬가지입니다. 울음이 심한 고양이가 울음을 잠시 멈췄을 때, 공격적인 고양이가 동거묘와 같은 공간에 있는데도 하악질을 하지 않을 때 등 원하지 않는 행동을 멈췄을 때도 즉시 클리커를 누르고 먹이 보상을 합니다. 만약 울거나 하악질을 하면 무시하고 자리를 떠납니다. 반복하면, 나

쁜 행동을 하면 보상이 없고 나쁜 행동을 하지 않으면 보상이 있다는 사실을 알게 됩니다. 원하지 않는 행동을 할 때는 아무 반응도 보이지 않는 것이 핵심입니다.

4단계, 클리커와 먹이 보상 줄여나가기

고양이가 보호자가 원하는 행동을 자발적으로 자주 하기 시작하면 클리커와 먹이 보상을 줄여나갑니다.

미야옹철의
묘한 진료실

펴낸날 초판 1쇄 2019년 2월 20일 | 초판 10쇄 2023년 11월 1일

지은이 김명철

펴낸이 임호준
출판 팀장 정영주
편집 김은정 조유진 김경애
디자인 김지혜 | **마케팅** 길보민 정서진
경영지원 박석호 유태호 최단비

일러스트 남씨
인쇄 (주)웰컴피앤피

펴낸곳 비타북스 | **발행처** (주)헬스조선 | **출판등록** 제2-4324호 2006년 1월 12일
주소 서울특별시 중구 세종대로 21길 30 | **전화** (02) 724-7664 | **팩스** (02) 722-9339
인스타그램 @vitabooks_official | **포스트** post.naver.com/vita_books | **블로그** blog.naver.com/vita_books

ISBN 979-11-5846-280-2 13490